L'ACTION DIASTASIQUE

DANS

LES FERMENTATIONS INDUSTRIELLES

Par

Emile DIEDERICH

LICENCIÉ ÈS SCIENCES

Avec 12 figures intercalées dans le texte.

PARIS

LIBRAIRIE MÉDICALE ET SCIENTIFIQUE

JULES ROUSSET

1, Rue Casimir-Delavigne et 12, Rue Monsieur-le-Prince

1906

L'ACTION DIASTASIQUE

DANS

LES FERMENTATIONS INDUSTRIELLES

L'ACTION DIASTASIQUE

DANS

LES FERMENTATIONS INDUSTRIELLES

Par

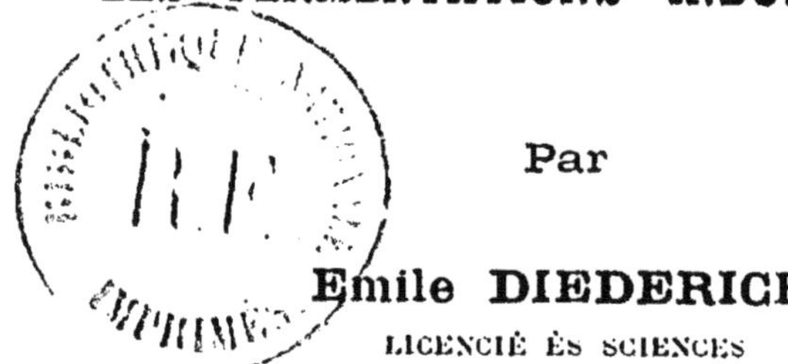

Émile **DIEDERICH**

LICENCIÉ ÈS SCIENCES

Avec 12 figures intercalées dans le texte.

PARIS

LIBRAIRIE MÉDICALE ET SCIENTIFIQUE

JULES ROUSSET

1, Rue Casimir-Delavigne et 12, Rue Monsieur-le-Prince

1906

TABLE DES MATIÈRES

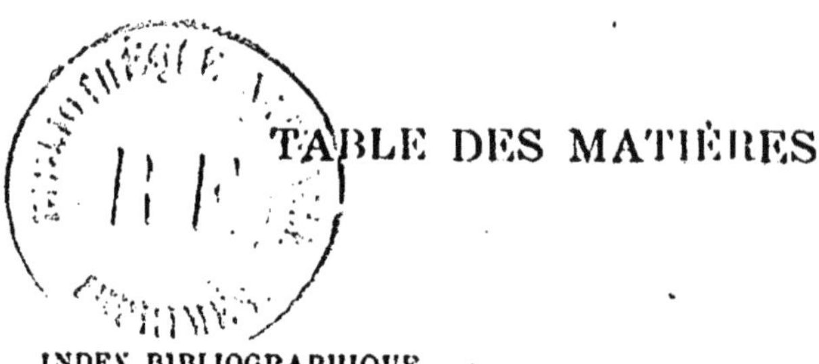

PREMIÈRE PARTIE

Préliminaires biologiques.

DEUXIÈME PARTIE

Chimie des fermentations des hydrates de carbone.

TROISIÈME PARTIE

Fermentations du domaine industriel.

QUATRIÈME PARTIE

Fermentations des matières azotées.

Note II

INDEX BIBLIOGRAPHIQUE

I. — Ouvrages concernant la biologie générale et la théorie générale des diastases (1re partie, chap. I, II, III).

DUCLAUX. — Traité de microbiologie, t. I, microbiologie générale. Paris 1898 ; t. II, diastases et toxines. Paris, 1899.

BODIN. — Biologie générale des bactéries. Paris, 1904.

WINOGRADSKY. — Annales de l'Institut Pasteur, 1888, p. 321 et 1889, p. 49 et 249.

G. BERTRAND. — C. R. Ac. sc., t. CXX, p. 266.

MACÉ. — Bactériologie. Paris, 1901.

GARNIER. — Ferments et fermentations. Paris, 1895.

POZZI-ESCOT. — C. R. Ac. Sc., CXXXIV, p. 401. Annales et revue de chimie analytique, t. VII, 1902.

MIQUEL et CAMBIER. — Traité de bactériologie. Paris, 1902.

A. GAUTIER. — La chimie de la cellule vivante, chap. I et II. Paris, 1898.

II. — Ouvrages se rapportant à la chimie des sucres et amidons (2e partie, chap. I).

BÉCHAMP. — C. R. Ac. d. sc., t. XXXIX, p. 653.

PAYEN. — C. R. Ac. d. sc., t. LIII, p. 813.

Musculus. — C. R. Ac. d. sc., t. LXX, p. 857.

Bourquelot. — C. R. Ac. d. sc., t. CIV, p. 71 et 177.

Aimé Girard. — C. R. Ac. d. sc., t. CIV, p. 1629.

Jungfleisch. — Manipulations de chimie, p. 819.

Villiers. — C. R. Ac. d. sc., t. CXII, p. 435-536.

Joannis. — Chimie organique appliquée, t. II. Gauthier-Villars, Paris, 1896.

L. Simon. — Moniteur de Quesneville, 1895.

Fischer. — Bulletin de la Société chimique, 1895, 2, 767; 1896, 2, 829.

— Voir bulletins de la Société chimique, 1894, 2, p. 439; 1891, 2, p. 676; 1896, 1, p. 621.

Dejonghe. — Traité de la fabrication de l'alcool. Paris, 1er volume, chap. III et IV.

III. — Mémoires relatifs à la saccharification diastasique (2e partie, chap. I et II).

Dubrunfaut. — Annales de physique et de chimie, t. XXI, p. 178.

— Mémoire sur la saccharification des fécules. Paris, 1882.

Musculus. — Annales de physique et chimie, t. LIV, p. 194, t. LXVIII, p. 1267.

Bourquelot. — C. R. Ac. d. sc, t. CIV, p. 71 et 576.

Lindet. — C. R. Ac. d. sc., t. CVIII, p. 453.

Effront. — Moniteur scientifique ; année 1890, p. 449, 790, 1013.

— Moniteur Quesneville, janvier 1906.

Lindet. — La Bière, chap. III. Paris, 1901.

Guichard. — Traité de distillerie, vol. I, II, III. Paris, 1897.

Fernbach. — Sur la sucrase de la levure. Annales de l'Institut Pasteur, années 1889 et 1890.

Duclaux. — Microbiologie, t. II.

Maquenne. — Les sucres et leurs dérivés, p. 650 et suivantes.

Pozzi-Escot. — Les diastases et leurs applications. Paris, 1899.

IV. — Au sujet de la chimie des alcools, des acides et autres produits résiduels des fermentations (2ᵉ partie, chap. III).

Joannis. — Chimie organique appliquée, t. II. Gauthier-Villars, éditeur. Paris, 1896.

Duplais (ainé). — Fabrication des liqueurs, t. I. Paris, 1900.

Bernthsen. — Chimie organique (traduction française). Paris, 1900.

Sorel. — La distillation. Paris.

Riche. — Journal de pharmacie et de chimie, 1895.

Guichard. — Traité de distillerie, t. II. Paris, 1897.

Lindet. — Production des alcools supérieurs. C. R. de Ac. d. sc., t. CVII et CXII.

V. — Mémoires et ouvrages sur la fermentation alcoolique (3ᵉ partie, chap. I et II).

Schutzenberger. — Les fermentations, chap. I à VII. Félix Alcan, éditeur. Paris, 1896.

Pasteur. — Etudes sur la bière. Gauthier-Villars, éditeur. Paris, 1876.

BERTHELOT. — Annales de physique et de chimie, 1857, et C. R. Ac. d. sc., 1860.

DUCLAUX. — Microbiologie, t. III. Masson, éditeur. Paris, 1903.

— Annales de l'Institut Pasteur, 1896.

PASTEUR. — C. R. Ac. d. sc., années 1857, 1858, 1859, 1860, 1861, 1864, 1872.

DISCUSSION BERTHELOT-PASTEUR. — C. R. Ac. d. sc., années 1878, 1879, 1887, 1888.

DUMAS. — C. R. Ac. d. sc., t. LXXV, p . 277.

— Annales de physique et de chimie, t. de 1874, p. 57.

LAURENT. — Annales de l'Institut Pasteur, année 1889, p. 13.

BOURQUELOT. — C. R. Ac. d. sc., t. C, p. 1404 et 1466.

LINDET. — La bière, chap. V. Masson, éditeur. Paris, 1901.

REGNARD. — Annales de physique et de chimie, année 1874.

— C. R. de la Société de biologie, t. IX, année 1887.

VI.— Sur l'étude des levures et leurs préparations industrielles (3e partie, chap. III).

HANSEN-PEDERSEN-KJELDAHL. — Comptes-rendus des travaux du Laboratoire de Carlsberg, vol. II, 5e livraison.

HANSEN. — Annales de micrographie, 1883, 1886, 1890.

ENGEL. — Thèse, Paris, 1872.

PERDRIX. — Annales de l'Institut Pasteur, année 1890, p. 288.

SCHUTZEMBERGER. — Les fermentations, chap. III, IV, V, Paris, 1896.

Guichard. — Traité de distillerie, t. III, p. 184. Paris, 1897.

Jacquemin. — Les saccharomyces ellipsoïdeus et leurs applications industrielles. C. R. Ac. d. sc., 1888.

Jorgensen. — Les microorganismes de la fermentation. Paris, 1895.

Kayser. — Annales de l'Institut Pasteur, 1889, 1890, 1891, 1896.

Kayser. — Revue de viticulture, année 1896, nos 117 et 127.

Van Laer. — Application de la méthode Hansen à la fermentation haute. C. R. de la station scientifique de brasserie de Gand, année 1890.

Sorel. — Action de l'acide fluorhydrique sur les levures. C. R. Ac. d. sc., t. CXVIII.

VII. — Documents concernant les fermentations butyrique, lactique et autres fermentations bactériennes (3e partie, chap. IV).

FERMENTATION BUTYRIQUE

Perdrix. — Annales de l'Institut Pasteur, année 1891, p. 287.

Grunbert. — Annales de l'Institut Pasteur, année 1893, p. 351.

Duclaux. — Microbiologie, t. IV, chap. III, IV, V et X.

FERMENTATION LACTIQUE

Pasteur. — Annales de chimie et physique, t. LII, p. 407.

Boutroux. — C. R. d. sc., t. LXXXVI, p. 605.

Jacquemin. — Sur la fabrication industrielle de l'acide

lactique. Bulletin de la Société chimique. Paris
1891.

KAYSER. — Annales de l'Institut Pasteur, t. VIII, p. 1,
et 737.

DUCLAUX. — Microbiologie, t. IV, chap. XV à XVII.

FERMENTATION VISQUEUSE

DUMAS. — Traité de chimie, t. VI, p. 335.
MONOYER. — Thèse, Strasbourg, 1862.
VAN TIEGHEM. — Bulletin de la Société botanique, 1878.
PASTEUR. — Bulletin de la Société chimique. Paris, 1861,
p. 30.
DUCLAUX. — Microbiologie, t. IV, ch. XIX.
KAYSER et MANCEAU. — C. R. Ac. d. sc., mars 1906,

FERMENTATION MANNITIQUE

GAYOU et DUBOURG. — Annales Institut Pasteur, année
1901.
DUCLAUX. — Microbiologie, t. IV, ch. VII.

FERMENTATION PAR OXYDATION

PASTEUR. — Mémoire sur la fermentation acétique. Annales de l'Ecole normale supérieure, 1864.
DUCLAUX. — T. IV, chap. XI, XII, XIII, XIV.

VIII. — Chimie des matières azotés. Composition des substances alimentaires (4e partie, chap. I).

SCHUTZEMBERGER. — Les fermentations, 6e édition,
ch. XVIII, p. 297. Paris, 1895.
GAUTIER (A.). — Cours de chimie, 2e édition, t. III,
p. 64. Paris, 1898.

— La chimie de la cellule vivante. Paris, 1898.

ALQUIER. — Analyse élémentaire des substances végétales. Paris, 1901.

IX. — Dislocation diastasique des matières azotées. Produits toxiques. La putréfaction (4ᵉ partie, ch. II et III).

C. R. Ac. d. sc., année 1885, 2ᵉ partie, 1267.

Bulletins de la Société chimique, année 1896, 2ᵉ p., 1324 ; année 1887, 1ᵉʳ p., 654 ; année 1895, 2ᵉ p., 267 ; année 1892, 2ᵉ p., 1051.

DUMAS. — Traité de chimie, t. VI, p. 380.

PASTEUR. — C. R. Ac. d. sc., t. L, p. 869.

VAN-TIEGHEM. — C. R. Ac. d. sc., t. LVIII, p. 533.

Annales de micrographie, t. V, p. 260-261-263.

ABELOUS ET GÉRARD. — C. R. Ac. d. sc., t. CXXIX, p. 56.

DE REY-PAILHADE. — Oxydations et réductions organiques. Bulletin de la Société d'histoire naturelle de Toulouse, nᵒ du 7 juillet 1897.

POZZI-ESCOT. — Etude sur le mécanisme de la réduction des nitrates dans les végétaux. C. R. Ac. d. sc., t. CXXXIV, p. 863 et Bulletin de la Société chimique, t. XXVII, p. 430.

— Bulletin de la Société chimique, t. XXVII, p. 293.
— Sur l'existence simultanée dans les cellules vivantes de diastases à la fois réductrices et oxydantes. C. R. Ac. d. sc., t. CXXXVIII, p. 511.

GAUTIER (A.). — Chimie de la cellule vivante, 2ᵉ édition, chap. IV, V, VI, VII. Paris, 1898.

SCHUTZEMBERGER. — Les fermentations, 6ᵉ édition, ch. XI et XII.

X. — Au sujet des actions bactéricides, des antiseptiques, des procédés de conservation (4e partie, ch. IV).

DUCLAUX. — Microbiologie, t. I, Paris, 1898.
MIQUEL ET CAMBIER. — Traité de bactériologie.
MIQUEL. — Les organismes vivants de l'atmosphère, chap. IX. Paris, 1885.
BODIN. — Biologie générale des bactéries. Paris, 1903.
MALVEZIN. — La Pasteurisation des vins. Bordeaux, 1900.
JOANNIS. — Traité de chimie organique appliqué, t. II.
GIRARDIN. — Leçons de chimie appliquée aux arts industriels, t. III. Paris, 1889.

XI. — Au sujet des fermentations panaires.

BOUTROUX. — Le pain et la panification. Paris, 1897.
— C. R. Ac. d. sc., t. XCVII, p. 116.
DUCLAUX. — Microbiologie, t. IV, p. 500.
FLEURENT. — C. R. Ac. d. sc., 1896, t. CXXIII, p. 327.
GIRARD (A.). — C. R. Ac. d. sc., t. CI. p. 601.
DUMAS. — Traité de chimie, t. VI, p. 415.
GIRARD (A.). — C. R. Ac. d. sc., t. CXXI, p. 858.
ENGEL. — Thèse, Paris, 1872.
LAURENT. — Bulletin de l'Académie Royale de Belgique, t. X, 3e série.
POPOFF. — Annales Institut Pasteur, t. IV.
CHICANDAR. — C. R. Ac. d. sc., 1883.

AVANT-PROPOS

La grande extension du traité de Duclaux, le caractère trop spécial des travaux publiés par Jorgensen, par Hansen et autres savants, ne permettent pas à ceux qui voudraient appliquer à leur industrie les principes directeurs de la théorie pastorienne de puiser dans ces documents les quelques éléments de chimie biologique, utiles à la simple compréhension des faits. C'est pourquoi j'ai cru faire œuvre de vulgarisation scientifique en résumant les points essentiels de la théorie microbienne, dans ses rapports étroits avec les diverses actions diastasiques que l'on rencontre le plus généralement dans les fermentations industrielles.

On ne trouvera pas définis, dans ce volume, certains procédés pratiques permettant de conduire telle ou telle fermentation, au contraire, l'exposé est tout théorique ; en tenant compte de leurs caractères diastasiques communs, les phénomènes sont présentés sous une forme aussi générale que possible, de façon à pouvoir s'appliquer à la fois aux fermentations les plus variées, qu'il s'agisse de fabrication de la levure, de la bière, du vin, de l'alcool, du vinaigre, soit même de panification, ou encore de fermentation putride des conserves alimentaires.

Le lecteur aura ainsi l'avantage de reconnaître les relations de similitude qui unissent ces diverses fermentations, de pouvoir dégager les causes génératrices des phénomènes, et partant de pénétrer les secrets des ouvriers mystérieux et infiniment petits, auxquels se rattache une chimie complexe et capricieuse restée trop longtemps inconnue.

Quant au plan général pour répondre à cette manière de voir, il a été conçu de façon à séparer le côté chimique du côté biologique, à rassembler ensuite ces deux points de vue pour les faire coïncider et constater les résultats.

Dans la première partie toute biologique, trois chapitres correspondent au développement des trois idées suivantes :

Les fermentations sont dues aux diastases.

Les diastases de fermentations sont secrétées par les cellules microbiennes dans leur acte vital.

Quelles relations existe-t-il entre la secrétion diastasique et l'acte vital, d'où résultent les fermentations ?

Dans la deuxième partie, on détermine en trois nouveaux chapitres :

La chimie des corps susceptibles de fermenter.

La chimie des diastases dans leurs réactions.

La chimie des produits qui résultent de la disloca-

lion des corps fermentescibles sous l'action des diastases.

Les troisième et quatrième parties étudient les fermentations que l'on rencontre dans le domaine industriel en s'appuyant sur les éléments théoriques des
deux parties précédentes.

Parmi les divers points traités, il convient de signaler l'influence des conditions physiques et chimiques
du milieu en fermentation sur l'action diastasique,
soit dit en passant, en ce qui concerne les levures, on
verra combien un excès d'oxygène modifie la valeur
du « Pouvoir Ferment » en faisant dévier le sens des
réactions, combien aussi les acides de la série grasse
— dont la formation est due à l'évolution de certains
microbes — sont nuisibles à la bonne réussite des
fermentations.

Chaque fois que l'occasion s'est présentée, la concurrence des levures et des bactéries a été mise en
relief, les lois qui se dégagent de l'ensemble de cette
étude montreront comment il est parfois possible de
faire triompher les levures dans la lutte engagée.

Un index bibliographique, page 12 de ce volume,
existe à l'intention de ceux qui verront dans les idées
exposées les prémices d'une étude à compléter.

E. DIEDERICH.

PREMIÈRE PARTIE

BIOLOGIE DES FERMENTATIONS

CHAPITRE PREMIER

L'action diastasique au point de vue des fermentations.

I. — FERMENTATIONS ET DIASTASES

Une fermentation est un phénomène chimique qui se passe au sein d'une matière organique.

Liebig assignait une cause chimique à ce phénomène chimique. Pasteur renversa cette idée en montrant qu'une fermentation était toujours la conséquence de l'acte vital d'un microbe. Les travaux plus récents de Büchner ont permis d'établir une théorie plus précise encore, en expliquant une fermentation comme la conséquence d'une *action diastasique*, corrélative d'un phénomène vital (**14**).

Cette action diastasique est une action chimique qui résulte de la présence de certaines matières organiques albuminoïdes appelées **diastases** agissant sur d'autres matières organiques qui se transforment (matières fermentescibles).

2. — D'OU VIENNENT LES DIASTASES

Les diastases sont des sécrétions de cellules vivantes (1), soit que ces cellules fassent partie des tissus de l'animal ou du végétal, soit que ces cellules vivent isolément comme les microbes.

D'où, les microbes, les tissus cellulaires des animaux et des végétaux peuvent présider à l'aide de leurs diastases à des transformations moléculaires de substances organiques, c'est-à-dire, provoquer des fermentations.

En raison de cette sécrétion diastasique et en raison aussi de leur facile et rapide développement, les microbes tiennent une place de premier ordre dans l'étude des fermentations. Quelques espèces microbiennes, comme les levures, secrètent des diastases particulières tellement importantes que l'industriel ne pourrait, dans certaines fabrications, se passer de leur concours.

(1) *Note sur la sécrétion diastasique.*— La cellule vivante, dans sa constitution la plus générale, est formée par une enveloppe dans laquelle on remarque: (fig. 1.)

1° Le protoplasma, matière albuminoïde de consistance molle ;

2° Certaines masses de protoplasma plus condensées comme les noyaux et les spores ;

3° Des cavités appelées vacuoles.

Par ses propriétés particulières, le protoplasma vivant des cellules élabore de nouvelles substances albuminoïdes éminemment actives, ce sont les diastases, dont il est question ci-dessus. Ces substances importantes sont ou localisées dans les vacuoles et opèrent par conséquent les transformations à l'intérieur de la cellule (comme la zymase de la levure), ou bien filtrent au travers des parois et, par suite, agissent à l'extérieur de la cellule (comme la sucrase des levures, l'amylase des cellules végétales, etc.).

D'autres microbes, au contraire, sont si nuisibles dans leurs effets, qu'il est nécessaire de savoir enrayer à temps leur développement.

C'est pourquoi, s'il importe d'étudier l'action des

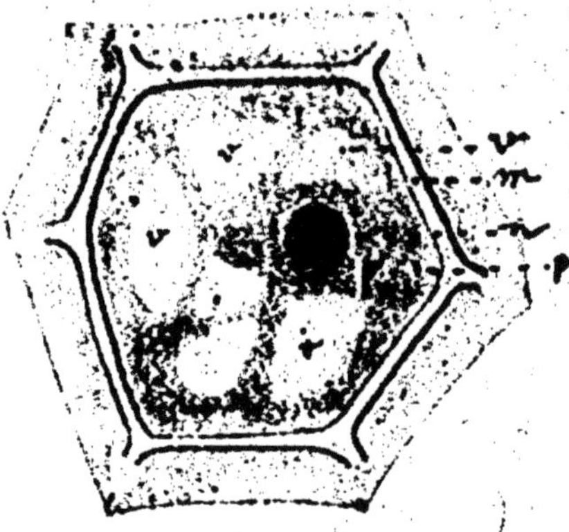

Fig. 1. — Constitution générale d'une cellule vivante. Cellule végétale : *p*, masse protoplasmique ; *n*, noyau ; *m*, membrane cellulaire ; *r*, vacuoles.

diastases, il est de toute nécessité également de connaître les différentes espèces microbiennes que l'on rencontre dans l'industrie et d'examiner ensuite la relation qui lie leurs sécrétions diastasiques à leurs conditions d'existence. Ces trois points font l'objet des trois chapitres de cette *première partie*.

3. — ACTION GÉNÉRALE DES DIASTASES

Les diverses transformations des matières fermentescibles ont lieu sans que les diastases fournissent quoi que ce soit de leur propre substance, c'est-à-dire que dans l'action diastasique seul le contact ou la présence des diastases est à considérer, c'est aux propriétés de ce contact des diastases qu'est dû le mouvement moléculaire parmi les éléments simples de la matière fermentescible. Duclaux dit, à ce sujet, que les diastases agissent comme des *forces* assurant les réactions chimiques que l'on constate dans les produits organiques en fermentation.

Ceci indique la comparaison que l'on peut faire entre les opérations de synthèse et d'analyse que l'on réalise dans les laboratoires et les réactions que l'on rencontre dans la chimie biologique des fermentations.

Par exemple, on peut obtenir de la dextrine et du glucose en chauffant l'amidon avec des acides étendus, on verra plus loin une pareille transformation assurée par l'action diastasique, c'est-à-dire par le simple contact de certaines diastases avec l'amidon.

4. — CARACTÈRES PRINCIPAUX DES DIASTASES

L'expérience apprend que les forces mises en jeu par les diastases sont considérables, car il suffit d'une très petite quantité d'une pareille substance pour transformer une quantité très importante de matière organique.

Cette disproportion entre l'effet et la cause est un caractère primordial des diastases.

C'est ainsi qu'une partie de la diastase indiquée au

paragraphe précédent suffit pour transformer en sucre 2000 parties d'amidon, et cela en quelques instants.

Les substances diastasiques sont très sensibles à la chaleur. *leur puissance de transformation est fonction de la température.* Cette puissance atteint une valeur maximum entre 55 et 60°, suivant les espèces, pour tomber à zéro entre 65 et 80°.

Les diastases sont spécifiques dans leur action, c'est-à-dire que telle diastase qui possède le pouvoir de transformer un sucre n'aura aucune action sur l'amidon ou l'albumine.

5. — ACTION SPÉCIFIQUE ET PARTICULIÈRE DES DIASTASES. CLASSIFICATION DE DUCLAUX.

En se basant sur l'action des diastases, Duclaux a présenté une classification fort remarquable indiquée ci-après dans ses grandes lignes.

En premier lieu, Duclaux groupe les diastases d'après leur action spécifique sur telle ou telle substance ; on obtient ainsi *les diastases des sucres, des amidons des celluloses, des glucosides, des albuminoïdes, etc.*

Dans ces groupes on rencontre des diastases qui se distinguent par leur action chimique particulière :

Les diastases hydrolysantes transforment ou partagent en deux ou trois molécules plus simples une molécule complexe. en glissant dans celle-ci une molécule d'eau.

Les diastases déshydrolysantes rassemblent les

molécules primitivement dissociées par une action hydrolytique.

Les diastases décoagulantes rendent solubles certaines substances sans modifier leur composition moléculaire.

Les diastases coagulantes agissent sur les substances dissoutes et les coagulent.

Les diastases oxydantes transforment ou partagent certains corps par fixation d'oxygène.

Les diastases désoxydantes provoquent la formation de nouveaux corps moins riches en oxygène.

Les diastases disloquantes agissent sur une ou plusieurs molécules, les disloquent en leurs éléments simples, lesquels se rassemblent pour former des corps nouveaux.

Beaucoup de diastases sont désignées par le nom de la substance sur laquelle porte leur action, nom auquel on ajoute le suffixe *ase*; cette règle est cependant loin d'être générale, elle n'a pas toujours été exactement appliquée.

A la liste des diastases connues actuellement, il faudra plus tard en ajouter d'autres; en tous cas, l'énumération ci-dessus suffit pour montrer que, s'il existe des *diastases d'analyse* qui transforment des molécules en d'autres plus simples, il existe également des *diastases de synthèse*, capables de reconstituer les éléments disloqués, à l'état de substances que nous sommes habitués à rencontrer dans les cellules animales et végétales, c'est-à-dire à l'état d'amidon, de sucres, etc. Ces dernières diastases n'ont pas, comme les diastases d'analyse, un rôle aussi important dans l'industrie ; nous avons, toutefois, attiré l'attention sur leur existence, pour faciliter la compréhension d'une théorie intéressante étudiée plus loin.

CHAPITRE II

Fonctions vitales des microbes.

6. — DÉFINITION DES MICROBES.

Les microbes sont des êtres monocellulaires de dimensions extrêmement petites *(quelques microns)* (1).

On les classe parmi les derniers échelons du règne végétal.

Ils ne naissent pas spontanément et ne peuvent provenir que d'êtres semblables à eux.

Leur forme est variable suivant les espèces, tantôt allongée en bâtonnet, tantôt globulaire ou ovoïde, etc.

7. — MODE DE REPRODUCTION. CLASSIFICATION.

Les microbes se reproduisent de différentes façons; dans l'état actuel de la science biologique, on s'appuie sur le mode de reproduction pour établir une première classification.

(1) Le micron (μ) vaut un millième de millimètre.

a) Reproduction par scissiparité. — La cellule devenue adulte s'allonge, une fine membrane apparaît vers la partie médiane ; peu de temps après, deux cellules distinctes se forment.

A ce mode de reproduction correspond le groupe important des BACTÉRIES (voir fig. 11).

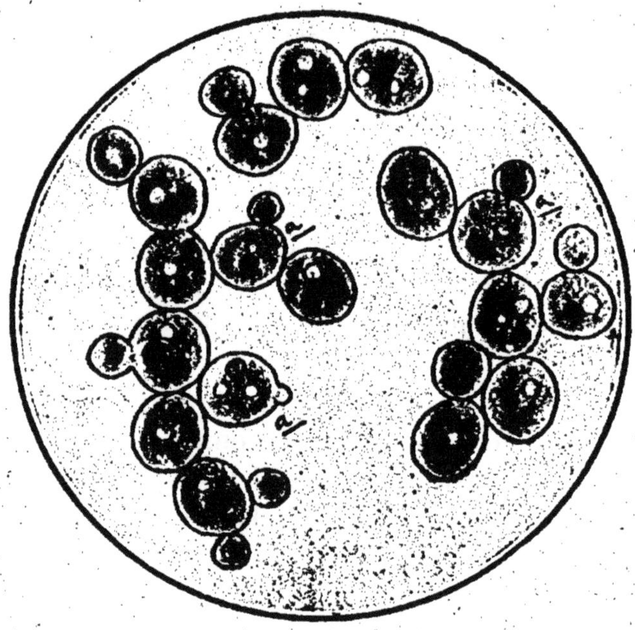

Fig. 2. — Levure haute. Saccharomyces cerevisiæ, cellules de 8 à 10 μ, presque sphériques, se groupant en paquets rameux ; *a,* cellules en bourgeonnement.

$$\frac{1000}{1}$$

Les bactéries comprennent :

Les COCCACÉES (bactéries sphériques).

Les BACILLÉES (bactéries allongées) parmi lesquelles

les *bacilles* (bâtonnets rectilignes), les *bactériums*
(bâtonnets courts et trapus), les *vibrions* (bacilles
incurvés), etc.

Les SPIRILLÉES (bactéries en spirales), etc.

b) *Reproduction par bourgeonnement.* — A une
certaine époque de sa croissance, la cellule développe
à sa surface des petits renflements vésiculeux, lesquels grossissent peu à peu et se détachent de la cellule-mère pour former des cellules nouvelles. C'est le
cas des LEVURES (fig. 2) et des MYCODERMES (voir
fig. 12).

c) *Reproduction par bourgeonnement* latéral donnant naissance à des ramifications, telles sont les
MOISISSURES.

8. — VITESSE DE REPRODUCTION DES MICROBES.

Cette vitesse dépend essentiellement des conditions
du milieu. Si ces conditions sont favorables, un seul
microbe peut donner naissance en deux jours à plus
de deux milliards d'individus.

On comprend dès lors que l'exiguité de ces êtres
infiniment petits est largement compensée par cette
reproduction intense et rapide.

9. — SPORULATION. RÉSISTANCE AUX AGENTS DESTRUCTEURS.

Les modes de reproduction ci-dessus indiqués sont utilisés par les microbes quand l'influence du milieu leur est favorable. Si cette influence devient défavorable, la matière vivante ou protoplasma de certains microbes se rassemble et forme à l'intérieur de l'enveloppe des corpuscules ronds ou ovoïdes à membrane épaisse et résistante, appelés *spores* (voir fig. 5 à 7).

Pour donner une idée assez nette de ces corpuscules, on peut dire que les spores sont des *graines de microbes* ; en effet, comme dans une plante, après formation de cette graine le microbe meurt et les spores attendent que les conditions de germination leur deviennent favorables pour reproduire de nouveaux individus. Un point très important à considérer est que la spore donne une résistance beaucoup plus considérable, à l'action des agents destructeurs, que la cellule qui lui a donné naissance.

Cette résistance est même remarquable chez certaines spores.

Citons par exemple un microbe que l'on rencontre dans les conserves de viande, le bacille subtilis ou bacille du foin, lequel donne des spores qui résistent à une température de 130°, alors que la stérilisation pratiquée pendant deux heures à 120° tue le microbe **(95)**.

L'étude des levures fera connaître d'autres exemples de sporulation (**45**).

10. — VARIABILITÉ DES FONCTIONS VITALES DES MICROBES DANS LES MILIEUX EN FERMENTATION.

Les cellules microbiennes sont douées d'une plasticité protoplasmique très grande. leurs fonctions vitales s'adaptent peu à peu aux conditions d'existence que leur imposent les circonstances.

La cellule acquiert par acclimatation des propriétés de résistance qu'elle transmet aux cellules issues d'elle.

C'est ainsi que l'on arrive à cultiver une race microbienne dans un milieu que l'on rend pour elle de plus en plus toxique et dans lequel milieu la race finit par se développer et fermenter comme elle le ferait dans son milieu habituel (**69**).

Tel est le cas de certaines levures de distillerie que l'on amène à supporter des doses de plus en plus fortes d'acide fluorhydrique, tartrique ou lactique, leur permettant ainsi de lutter avantageusement contre les bactéries dans des milieux acidifiés à l'avance, milieux qui deviennent par ce fait nuisibles aux bactéries et supportables aux levures.

De même une race de microbes, qui, dans des conditions normales, est complètement étouffée par une autre race plus forte, peut arriver à ne plus être gênée, si on l'habitue progressivement à lutter contre la race ennemie. De nombreuses expériences établissent parfaitement ces considérations.

C'est sur l'application de ces faits qu'est basée l'amélioration des levures pures de race.

CHAPITRE III

Relation entre le phénomène diastasique et le phénomène vital.

11. — LES DEUX MODES DE NUTRITION DES MICROBES.

La relation dont il s'agit est parfaitement définie
par l'étude de la nutrition des cellules microbiennes.

A cet effet, il y a lieu de considérer le microbe
dans sa vie **aérobie**, c'est-à dire, quand il se développe à l'aide de l'oxygène de l'air et le microbe
dans sa vie **anaérobie**, c'est-à-dire, quand il se
développe sans le secours de cet oxygène. Il existe
des microbes essentiellement aérobies ou essentiellement anaérobies, d'autres peuvent être l'un ou l'autre
suivant les circonstances. Exemple : le mycoderme
acéti qui rend le vin aigre est un microbe essentiellement aérobie, les levures et le mycoderme vini
peuvent être aérobies ou anaérobies, mais avec cette
condition confirmée par l'expérience, que la fonction
aérobie prime la fonction anaérobie.

12. — VIE ANAÉROBIE DU MICROBE.

Pour rendre le phénomène de nutrition plus sug-
gestif, on peut considérer une cellule microbienne et

sa sphère d'influence comme un laboratoire infiniment petit, mais infiniment perfectionné, dans lequel s'édifie la matière vivante de la cellule.

C'est dans ce laboratoire que le microbe secrète les diastases capables d'agir sur certaines matières organiques qui peuvent lui servir de nourriture.

Pour fixer les idées dans ce qui va suivre, prenons comme exemple une levure en présence d'un sucre non directement alimentaire : le maltose (**38**).

A la suite des premières actions diastasiques, les matières organiques capables de devenir aliment des cellules se transforment en produits immédiatement alimentaires, autrement dit, en produits capables de traverser la membrane cellulaire et d'être immédiatement attaqués par les dernières diastases d'analyse contenues dans les vacuoles de la cellule.

Dans notre exemple particulier, le maltose se transforme en plusieurs molécules d'un sucre plus simple : le glucose, sous l'influence d'une diastase hydrolysante sécrétée par la levure (**27**).

Parfois cette dernière transformation consiste en une simple action décoagulante, car toute substance, pour être assimilée, doit, avant tout, être soluble et dialysable (1) (**89**).

Pour que les matières devenues alimentaires puissent être assimilées par la cellule microbienne et élevées au rang de matières vivantes, le microbe doit procéder à un certain travail : une énergie est alors nécessaire; dans les plantes vertes, l'absorption du

---

(1) C'est-à-dire susceptible de traverser les membranes.

rayonnement solaire par les grains de chlorophylle constitue un petit capital d'énergie utilisé par la cellule végétale pour assurer l'assimilation et la transformation des aliments contenus dans la sève brute (1); le microbe privé de chlorophylle ne peut procéder de la même façon à une pareille capitalisation, mais une énergie calorifique suffisante est fournie à la cellule par la chaleur résultant du mouvement moléculaire des premières réactions diastasiques.

L'assimilation des matières immédiatement alimentaires devient alors facile, d'une part, sous l'action des diastases des vacuoles qui disloquent cette matière alimentaire en éléments chimiques aussi simples que possible, d'autre part, sous l'action de la chaleur et du travail diastasique de synthèse, qui élèvent à l'état de matières vivantes certains éléments provenant de la dislocation.

Pour revenir à notre exemple particulier, on verra plus loin qu'une diastase intérieure des cellules-levures disloque le glucose, provoque la formation d'alcool et d'acide carbonique, pendant que les levures augmentent en poids (**28** et **41**).

Ici se place un point important de la théorie comme conséquence industrielle : une très petite partie des éléments disloqués est seule employée à cette synthèse.

Dans l'action vitale de la levure, un pour cent du

______

(1) Assimilation chlorophyllienne.

glucose disloqué est à peine utilisé par les cellules
(42).

L'autre partie, non utilisée, et les éléments de désassimilation rejetés par la cellule microbienne constituent les produits que l'on rencontre dans une fermentation, tels sont les acides ou alcools qui se dégagent, que l'on utilise ou que l'on cherche à éviter, soit encore, comme nous le verrons plus loin, dans l'exposé des fermentations des substances azotées, certains produits parfois éminemment toxiques **(91)**.

13. — VIE AÉROBIE DU MICROBE

Le mode de nutrition des cellules microbiennes dans leur vie aérobie est beaucoup plus simple. Ces microbes vivent, en effet, comme certains végétaux inférieurs, comme les petits champignons ou les algues, en empruntant l'oxygène à l'air atmosphérique, en brûlant avec cet oxygène et avec le concours de diastases qui fixent l'oxygène, une portion de matières immédiatement alimentaires. ce qui leur procure la quantité de chaleur nécessaire, pendant qu'ils organisent une autre portion en tissu vivant.

Le transport de cet oxygène sur les matériaux qui se trouvent à la portée de ces microbes donnent lieu, par oxydation. à diverses transformations de la matière organique, comme le fait se présente dans l'alcool ordinaire se transformant en acide carbonique et en eau, sous l'influence du *mycoderma aceti*, microbe essentiellement aérobie ou sous l'influence du *mycoderma vini* pendant son existence aérobie (ce dernier microbe peut également prendre une vie anaérobie, il se comporte alors comme une levure) (**81**), la transformation dont il s'agit est donnée par l'équation :

$$\underset{\text{alcool}}{C^2H^6O} + O^6 = \underset{\text{ac. carbonique}}{2.CO^2} + \underset{\text{eau}}{3H^2O}$$

14. — PHASES DU PHÉNOMÈNE BIOLOGIQUE DES FERMENTATIONS.

Les quelques notions qui précèdent sur la nutrition microbienne renferment en somme toute la nouvelle théorie du mécanisme des fermentations. Ces notions sont peut-être un peu arides, mais cependant assez importantes à connaître, car elles indiquent les idées directrices de n'importe quelle étude sur les fermentations ; on verra, en effet, qu'à chaque instant, dans les pages suivantes, on sera obligé de s'y reporter. Aussi, il ne semble pas inutile de présenter cette théorie sous forme d'une rapide analyse et cela, pour insister sur certains points, notamment pour bien faire ressortir qu'une fermentation n'est pas due au hasard d'une cause purement physique ou chimique, comme on l'a cru bien longtemps, mais qu'un pareil phénomène résulte bien d'une *action diastasique intimement liée à l'acte vital d'une cellule* ; pour montrer également que les matières organiques ne sont pas toujours immédiatement fermentescibles, et qu'à ce sujet, différentes catégories de diastases peuvent intervenir dans la succession des transformations, les unes préparant l'aliment du microbe comme les diastases hydratantes, décoagulantes et oxydantes, les autres réduisant cet aliment en termes chimiques plus simples comme les diastases disloquantes.

On peut présenter en trois phases ce phénomène biologique :

Première phase. — Production des premières diastases par les cellules et leur action sur la matière fermentescible.

a) Transformation de la matière fermentescible en matière immédiatement alimentaire.

b) Dégagement de chaleur.

Deuxième phase. — Dislocation moléculaire de la matière devenue alimentaire sous l'influence de nouvelles actions diastasiques.

Troisième phase. — Assimilation par la cellule d'une très petite partie des éléments disloqués.

Résultat. — Abandon dans le produit en fermentation *des éléments disloqués non utilisés* et rejet par la cellule des produits de désassimilation.

15. — CONCURRENCE VITALE DES MICROBES COMME CONSÉQUENCE D'UNE NUTRITION COMMUNE.

Avant d'entreprendre l'étude des diverses fermentations industrielles, il y a lieu de montrer qu'il est difficile d'assurer uniquement le développement des cellules microbiennes utiles, comme cela serait nécessaire dans la fabrication des alcools, de la bière, du vin, dans la panification, etc..., d'autres microbes nuisibles interviennent toujours.

On conçoit qu'il est difficile d'empêcher le développement de ces derniers, attendu que la nourriture donnée aux uns convient souvent aux autres.

Au sujet de cette action simultanée des microbes, on peut dire qu'il existe une véritable concurrence vitale entre les différentes espèces en présence (**73, 77** et **82**).

Bien qu'il n'y ait rien de très précis concernant cette question, on constate néanmoins que les microbes qui se plient le mieux aux conditions d'un milieu et qui s'assimilent le plus facilement les aliments placés à leur portée, finissent par prédominer.

De plus, si, à la suite de circonstances physiques ou chimiques comme l'élévation de la température, l'énergie vitale devient différente chez plusieurs espèces, la multiplication rapide des microbes devenus plus forts, efface la multiplication des plus faibles, surtout quand les besoins sont les mêmes et lorsque les produits de désassimilation résultant de l'action des premiers sont nuisibles au développement des seconds.

Cette question rend difficile la conduite des fermentations.

C'est cette concurrence vitale qui oblige l'industriel à connaître les conditions favorables au développement de l'espèce microbienne cultivée et les conditions défavorables au développement des autres espèces nuisibles. On verra plusieurs exemples de concurrence microbienne entre les levures et les bactéries.

16. — ALIMENTATION AZOTÉE ET HYDROCARBONÉE DES MICROBES. LES FERMENTATIONS CORRESPONDANTES

Dans la composition alimentaire du protoplasma des microbes comme dans celle du protoplasma des êtres organisés supérieurs se trouvent principalement les quatre éléments simples : *carbone, hydrogène, oxygène et azote*.

Pour constituer ou renouveler la matière vivante de sa cellule le microbe recherche les substances chimiques pouvant lui donner les éléments dont il s'agit.

Ces substances sont principalement les matières hydrocarbonées et les matières azotées. Ce sont celles-là qui subiront donc les fermentations. Mais, que l'on nous permette ce parallèle, de même qu'il y a des animaux herbivores ou carnivores, nous trouvons des microbes qui exigent une nourriture surtout hydrocarbonée et très peu azotée, et d'autres qui, au contraire, demandent beaucoup de matières azotées et moins de substances hydrocarbonées.

Cette différence dans la nutrition permet d'établir un classement rationnel des fermentations au point de vue des conséquences industrielles, car au premier groupe de microbes (*levures* et certaines *bactéries*) correspondent les fermentations que l'on rencontre dans la panification, dans la fabrication des alcools et boissons fermentées, et au deuxième groupe de microbes, pour lesquels l'alimentation hydrocarbonée est secondaire, correspondent les fermentations que l'on cherche à éviter, comme par exemple dans la fabrication des conserves alimentaires.

DEUXIÈME PARTIE

FERMENTATIONS DES HYDRATES DE CARBONE

CHAPITRE PREMIER

Chimie des hydrates de carbone au point de vue des fermentations.

17. — Les hydrates de carbone sont des composés organiques ternaires formés de carbone, d'hydrogène et d'oxygène ; ils répondent à la formule générale $C^m (H^2O)^n$.

Tels sont les sucres, les amidons et fécules, la cellulose, etc. Parmi ces substances, on rencontre des aliments de premier ordre des microbes et en général de toute cellule vivante. Par suite les hydrates de carbone donnent lieu à des fermentations très importantes.

18. — DIVISION DES HYDRATES DE CARBONE EN TROIS GROUPES.

En s'appuyant sur la théorie biologique qui précède on peut présenter trois catégories d'hydrates de carbone.

Première catégorie. — Certains hydrates de carbone sont immédiatement assimilables par la cellule vivante, ils donneront, par conséquent, immédiatement des produits de désassimilation et de dislocation, comme l'alcool ordinaire et l'acide carbonique.

Deuxième catégorie. — D'autres hydrates de carbone non immédiatement assimilables peuvent le devenir, après avoir subi l'action de certaines diastases.

Ils constituent généralement des aliments de réserve de la cellule végétale.

Troisième catégorie. — D'autres hydrates de carbone ne peuvent pas devenir aliment de la cellule vivante, par suite ne peuvent pas fermenter.

En vue des applications industrielles, il n'est utile de parler que des sucres et des matières amylacées.

19. — Les sucres.

On sait que chaque espèce de sucre est caractérisée par le nombre d'atomes de carbone. On appelle les sucres en C^2 bioses, en C^3 trioses, en C^4 tétroses, en C^6 hexoses, en C^{12} hexobioses, etc.

Dans chacune de ces espèces existe une quantité plus ou moins grande de sucres, de composition atomique identique, 's de propriétés différentes.

Parmi les sucre.., on rencontre les trois catégories énoncées ci-dessus, il existe :

1° Des sucres immédiatement assimilables, c'est-à-dire *immédiatement fermentescibles.*

2° Des sucres pouvant devenir assimilables, c'est-à-dire *pouvant devenir fermentescibles*, à la suite d'une action diastasique.

3° Des sucres *non fermentescibles*.

20. — LES SUCRES FERMENTESCIBLES.

Les sucres des deux premières catégories ou sucres fermentescibles. sont compris parmi les sucres dont *l'indice du carbone est multiple de 3*.

Dans ceux-là, il n'est utile de considérer que les hexobioses ou *sucre en C^{12}* ou bissacharides et les *sucres en C^6* hexoses ou mono-saccharides. Les autres sucres en C^3 en C^{15} ont peu d'importance au point de vue qui nous occupe.

21. — LES SUCRES EN C^6 OU HEXOSES ($C^6H^{12}O^6$)

Les sucres en C^6 ou hexoses comprennent les sucres immédiatement assimilables (1re catégorie). Parmi eux citons les plus importants :

Le *glucose* (1) ou dextrose, sucre de beaucoup de fruits mûrs, des raisins... etc ; c'est le sucre en C^6 le plus facilement fermentescible ;

Le *galactose* ou sucre des gommes. le *manose*, le *fructose* ou *lévulose*, ce dernier très important est le sucre des fruits acides. ou autres fruits dans lesquels

(1) Glucose dextrogyre.

les graines sont mêlées à la pulpe comme les groseilles. Beaucoup de fruits contiennent à la fois du glucose et du lévulose.

22. — LES SUCRES EN C^{12} OU HEXOBIOSES ($C^{12}H^{22}O^{11}$)

Les sucres en C^{12} ou hexobioses ne deviennent alimentaires qu'à la suite d'un dédoublement en sucre C^6, sous l'action d'une diastase. Ces dédoublements sont indiqués plus loin.

Les bissacharides les plus importants sont :

Le *saccharose* ou sucre de la canne à sucre, de la betterave, du sorgho ; il ne réduit la liqueur de Fehling qu'après avoir été interverti :

Le *maltose*, sucre du malt d'orge, employé en brasserie et en distillerie pour la préparation des moûts ;

Le *lactose* ou sucre du lait se rencontre rarement dans les végétaux.

Ces deux derniers sucres réduisent la liqueur de Fehling.

La matière amylacée.

23. — PROPRIÉTÉS CHIMIQUES ET PHYSIQUES

La matière amylacée appartient à la deuxième catégorie de matières fermentescibles, c'est-à-dire qu'elle *n'est pas immédiatement alimentaire* pour la cellule microbienne, mais peut le devenir après avoir subi l'action de certaines diastases énumérées ci-après.

La matière amylacée répond à la formule générale $(C^6H^{10}O^5)^n$. Le nombre n n'est pas déterminé exactement pour chaque substance. La matière amylacée provenant des céréales est désignée plus spécialement sous le nom d'*amidon*, celle provenant des légumineuses et des pommes de terre est appelée *fécule*.

24. — LES TRANSFORMATIONS CHIMIQUES DE L'AMIDON.

L'amidon subit de nombreuses transformations sous l'action de différents agents chimiques et physiques.

Ces transformations sont importantes au point de vue industriel.

Chauffé à 70 et 80° dans 200 fois son poids d'eau, l'amidon gonfle, les grains éclatent et forment une masse compacte à laquelle on donne le nom d'*empois*.

À froid, on peut obtenir l'*empois* par l'action de l'ammoniaque. En chauffant l'empois d'amidon en vase clos à 120°, la masse se liquéfie au contact de l'eau et donne lieu à la formation d'*amidon soluble*. Cette propriété est utilisée dans l'industrie de l'alcool.

Cette transformation de l'amidon en *amidon solu-*

*bre p...... ..core être obtenue à froid, par les acides et les sels acides.

Employés à chaud et étendus d'eau les acides fournissent du *glucose* aux dépens de l'amidon en passant par une série de corps intermédiaires appelés *dextrines*.

Dans le domaine des fermentations on rencontre ces diverses transformations ; elles sont assurées par l'action des diastases (**25**).

L'amidon et l'empois d'amidon sont colorés en bleu intense par une solution d'iode très étendue, la dextrine prend une coloration rouge fauve : simples propriétés utilisées pour l'examen du travail de saccharification.

CHAPITRE II

Les diastases des sucres et amidons. Equations
des transformations.

De toutes les diastases énumérées précédemment
il n'est utile de considérer dans ce chapitre que les
diastases hydratantes ou hydrolysantes des sucres et
matières amylacées et les *diastases disloquantes* ;
quant aux autres diastases comme les *oxydantes* et
les *décoagulantes*, elles provoquent des actions chimiques que leurs dénomination et définition expli-
quent suffisamment (5).

25. — DIASTASES HYDRATANTES DES MATIÈRES

AMYLACÉES. SACCHARIFICATION DES MOÛTS D'AMIDON

Les diastases hydratantes des matières amylacées
sont sécrétées :

1° Par les cellules végétales ; on en rencontre toujours dans les graines de graminées, surtout dans le
blé, l'orge, le seigle et le maïs ;

2º Par les organes assurant la digestion chez les animaux (glandes salivaires, pancréas) ;

3º Par un très grand nombre de microbes, notamment par le bacille amylozyme (**75**).

La plus importante est celle que l'on retire de l'orge germé, c'est **l'amylase**.

Elle agit sur l'amidon préalablement réduit à l'état d'*empois* et le transforme en *maltose* en passant par une série de corps intermédiaires assez complexes appelés *dextrines* : *amylodextrines, maltodextrines*, etc., etc., lesquelles possèdent une composition moléculaire plus ou moins riche en maltose ou en amidon, suivant que l'action diastasique est plus ou moins avancée.

Le phénomène chimique est donné par la formule

$$2\ (\underbrace{C^6H^{10}O^5})_{\text{amidon}} + \underbrace{H^2O}_{\text{eau}} = \underbrace{C^{12}H^{22}O^{11}}_{\text{maltose}}$$

L'*amylase* joue un rôle important dans l'industrie notamment en distillerie, en brasserie et dans la fabrication des levures, elle sert à saccharifier, suivant la formule ci-dessus, les moûts contenant une forte proportion d'amidon, retiré de certains végétaux.

On l'obtient par la germination des céréales, principalement de l'orge.

Ajoutons à ce sujet qu'il existe en petite quantité dans les graines de céréales, à proximité de l'embryon une *amylase* qui agit dès les premiers instants de la germination, un peu différente quant à son action de l'amylase de sécrétion dont il est question ci-dessus et qui se forme plus tard à une période plus avancée de la germination : *l'amylase naturelle* transforme l'amidon en maltose sans liquéfaction préalable, *l'amylase de sécrétion* au contraire, liquéfie l'amidon et l'empois d'amidon avant formation de maltose.

Dans les deux cas la réaction est très lente, on l'accélère dans l'industrie en élevant la température.

La température la plus favorable à l'action liquéfiante et saccharifiante est comprise entre 55 et 65° l'action liquéfiante de l'amylase continue jusqu'à 80 et même 85°, température à laquelle il ne faut arriver qu'en fin d'opération, car l'amylase se coagule rapidement et perd complètement toutes propriétés actives.

En brasserie et en distillerie il est important de connaître, pendant les opérations, le degré de saccharification des moûts par l'amylase.

Un moyen simple, facile et pratique, consiste à faire réagir quelques gouttes d'iode très étendues d'eau dans une petite quantité de moût à essayer ; la coloration indiquera immédiatement où en est le travail de saccharification ; on sait en effet, que l'amidon donne une coloration bleue intense : ce qui indique un travail nul ; les dextrines donnent des colorations comprises entre le violet et le rouge de plus en plus dégradé suivant leur teneur en amidon ou en maltose : le travail est incomplet ; le maltose ne donne aucune coloration avec l'iode : ce qui prouve que le travail de saccharification est terminé.

26. — PRÉPARATION DE L'AMYLASE DANS L'INDUSTRIE.

L'orge employée à cet effet doit avoir une *puissance germinative* aussi régulière et aussi grande que possible.

On s'assure de cette qualité par expérience (1).

La première opération que subit l'orge est le *trempage*, on lui donne artificiellement l'eau qu'elle trouverait dans le sol, la durée de la trempe varie de 2 à 4 jours. L'orge mouillée est ensuite abandonnée pendant 6 à 10 jours dans des salles bien aérées ou la température atteint 15 à 18°.

Le germe se développe, la radicule donne cinq ou six radicelles. C'est pendant ce travail de germination que les cellules végétales produisent l'amylase ; un instant arrive où cette production diastasique atteint un maximum ; suivant les espèces d'orge la quantité d'amylase produite varie entre 0,5 et 1 p. 100 du poids du grain.

La germination doit alors être immédiatement arrêtée, car l'amidon du grain transformé en maltose servirait au développement du germe. Dans cet état l'orge prend le nom de « *malt* ».

On reconnaît pratiquement que le malt d'orge est mûr, quand les radicelles mesurent une fois et demie à deux fois et demie la longueur du grain.

(1) On appelle « puissance germinative » de l'orge, le pour cent de grains germés; à cet effet on maintient pendant quatre jours à 28 ou 30° un certain nombre de grains, entre des feuilles de papier buvard ou des bandes de feutre humides.

Pour arrêter la germination, on dessèche les grains dans une étuve dans le but de leur enlever l'eau donnée artificiellement au trempage. On arrête ainsi l'action hydratante.

La température de l'étuve, qui est de 45° au début, peut être portée à 65°, jamais au-delà de 70°.

C'est avec le malt d'orge broyé et macéré dans l'eau élevée à une température de 55 à 75° que l'on saccharifie les moûts de matières amylacées selon les données du paragraphe précédent.

27. — DIASTASES HYDROLYSANTES DES SUCRES EN C^{12}

On rappelle que ces diastases préparent la première phase du phénomène biologique, c'est-à-dire qu'elles agissent sur les sucres non immédiatement alimentaires de la deuxième catégorie et les transforment en sucres immédiatement assimilables de la première catégorie.

Les trois diastases de ce genre les plus importantes sont : *la sucrase, la maltase* et *la lactase*.

La **sucrase** ou *invertine* agit sur le saccharose (sucre de canne) et le dédouble en deux molécules, l'une de glucose, l'autre de lévulose :

$$C^{12}H^{22}O^{11} + H^2O = C^6H^{12}O^6 + C^6H^{12}O^6$$

saccharose   eau   glucose   lévulose

2° La **maltase** agit sur le maltose et le dédouble
en deux molécules de glucose :

$$\underbrace{C^{12}H^{22}O^{11}}_{\text{maltose}} + \underbrace{H^2O}_{\text{eau}} = \underbrace{2\,C^6H^{12}O^6}_{\text{glucose}}$$

Beaucoup de levures et de graines de céréales
secrètent à la fois ces deux diastases.

3° La **lactase** agit sur le lactose et le dédouble en
glucose et en galactose :

$$\underbrace{C^{12}H^{22}O^{11}}_{\text{lactose}} + \underbrace{H^2O}_{\text{eau}} = \underbrace{C^6H^{12}O^6}_{\text{glucose}} + \underbrace{C^6H^{12}O^6}_{\text{galactose}}$$

On remarque dans ces formules que la décomposition des sucres en C^{12} donne toujours au moins une
molécule de *glucose,* lequel est le sucre le plus fermentescible, autrement dit lequel est l'aliment préféré
des microbes des hydrates de carbone.

28. — DIASTASES DISLOQUANTES DES SUCRES EN C^6.

Ces diastases préparent la deuxième phase du phénomène biologique des fermentations, c'est-à-dire
qu'elles agissent sur les molécules de substances immédiatement assimilables obtenues par l'action des
diastases de l'ordre précédent.

Elles disloquent ces molécules en éléments aussi
simples que possible et permettent ainsi l'assimilation facile des aliments disloqués.

La seule diastase de cet ordre parfaitement connue,

est celle qui disloque les sucres à 6 atomes de carbone en alcool ordinaire et en acide carbonique selon la formule bien connue :

$$\underset{\text{glucose}}{C^6H^{12}O^6} = \underset{\text{ac. carbonique}}{2\,CO^2} + \underset{\text{al. ordinaire}}{2\,C^2H^6O}$$

C'est la *diastase alcoolique* découverte en 1897 par Buchner : la **zymase**.

Les microbes qui secrètent cette diastase importante en assez grande quantité, comme les levures, sont par conséquent les microbes qui provoquent la fermentation dite *alcoolique* (**36**).

Ceci laisse dès lors entrevoir la possibilité de provoquer une telle fermentation, par la seule présence de la *zymase* extraite des levures. Des expériences concluantes ont été faites à ce sujet. Toutefois, il n'est pas encore possible de faire entrer le procédé dans le domaine de la pratique.

Il existe ou doit exister d'autres diastases disloquantes, celles qui, en agissant sur les sucres en C^6, provoquent la formation des acides gras, alcools supérieurs, acide lactique et autres produits ; ces diastases, dans l'état actuel des connaissances chimiques, sont inconnues ou mal connues, il n'en sera pas parlé.

CHAPITRE III

Chimie des produits résultant de la dislocation des sucres et amidons sous l'action diastasique.

29. — COMBINAISONS DIVERSES

Puisque les diastases, en agissant sur les matières hydrocarbonées, ne fournissent rien de leur propre substance (**3**), on peut prévoir que dans les équations relatant le phénomène chimique de l'action diastasique figureront certaines combinaisons des éléments constitutifs des sucres et amidons, c'est-à-dire que l'on n'aura que des composés des trois éléments simples suivants : *carbone, hydrogène, oxygène* (étant bien entendu que seuls les hydrates de carbone entrent en dislocation).

On trouve, en effet, les combinaisons suivantes parmi les plus importantes :

1° L'acide carbonique, l'eau et ses éléments;

2° Les premiers termes des alcools et acides de la série grasse, quelques alcools polyatomiques ;

3° De l'acide lactique.

30. — DÉFINITION ET CLASSIFICATION DES ALCOOLS

Les alcools sont des composés ternaires (carbone, hydrogène, oxygène) de réaction neutre ; ils sont capables de s'unir aux acides comme les bases en donnant des combinaisons analogues aux sels appelées *éthers*.

Dans ces combinaisons, si un seul atome d'hydrogène est susceptible d'être remplacé par un radical acide, on a les alcools dits *monoatomiques*, lesquels comprennent la série d'alcools la plus importante : celle des alcools ayant des propriétés très voisines de *l'alcool ordinaire :* les *alcools de la série grasse.*

Si plusieurs atomes d'hydrogène sont remplaçables chacun par un radical acide, on a le groupe des *alcools polyàtomiques*, parmi lesquels : le glycol, la glycérine et la mannite.

31. — ALCOOLS DE LA SÉRIE GRASSE HOMOLOGUES DE L'ALCOOL ORDINAIRE

La formule générale des alcools de la série grasse est $C^n H^{2n+2} O$. Ils peuvent se transformer rapidement par oxydation, en donnant lieu à la formation de corps appelés, suivant le cas : aldéhydes, cétones, acides.

Il existe des alcools ayant même composition atomique, mais possédant des propriétés différentes, parmi ces alcools *isomères* on distingue les alcools primaires, secondaires et tertiaires, suivant qu'ils peuvent, par oxydation, donner un acide en C^n ou seu-lement un cétone en C^n ou qu'ils ne peuvent donner ni acides ni cétones en C^n.

Les premiers termes des alcools de la série grasse sont liquides et facilement mobiles. Au fur et à me-sure que l'on avance dans la série, leur état devient de plus en plus huileux pour devenir solides à partir de C^{12}.

Au début de la série les alcools sont solubles dans l'eau, mais le degré de solubilité diminue très rapi-dement.

Leur densité est voisine de 0,8.

Le point d'ébullition, qui débute à 66° et 78° pour les alcools en C^1 et C^2, s'élève ensuite d'environ 19° par alcool.

Les alcools en C^1, C^2, C^3 ont une odeur agréable, à partir de C^4 jusqu'à C^8 l'odeur est désagréable, les termes plus élevés sont inodores et sans goût.

Dans le domaine des fermentations on rencontre des alcools dont l'indice « n » dans la formule géné-rale $C^n H^{2n+2} O$, prend des valeurs de 1 à 7.

Chaque terme possède au moins un alcool pri-maire pouvant donner par oxydation un acide gras correspondant indiqué ci-après :

L'alc. méthylique (CH^4O) ; acide corres¹	A. formique (CH^2O^2)
— ordinaire (C^2H^6O) ;	—	A. acétique ($C^2H^4O^2$)
— propylique (C^3H^8O) ;	—	A. proprionique ($C^3H^6O^2$)
— butylique ($C^4H^{10}O$) ;	—	A. butyrique ($C^4H^8O^2$)

L'alc. isobutylique ($C^4H^{10}O$); ac. corres. A. isobutyrique ($C^4H^8O^2$)
— amylique ($C^5H^{12}O$);   — A. valérique ($C^5H^{10}O^2$)
— hexylique ($C^6H^{14}O$);   — A. caproïque ($C^6H^{12}O^2$)
— heptylique $C^7H^{16}O$);   — A. œnanthylique($C^7H^{14}O^2$)

En mettant à part l'alcool ordinaire, l'ensemble de ces alcools constitue ce que l'on appelle *l'huile de fusel* ou *alcool mauvais goût*. Ces alcools doivent être séparés de l'alcool ordinaire par distillation et rectification.

Citons, pour fixer les idées sur la quantité d'alcools supérieurs qu'une fermentation assez bien conduite peut donner, les chiffres suivants provenant de diverses expériences de distillation :

Par litre, un vin a donné 0.20 gr. d'alcools supérieurs, une bière 0 gr. 06, une eau-de-vie 1 gr. 5 à 1 gr. 9.

Cent litres de cette eau-de-vie comprenaient les proportions suivantes de divers alcools :

    alcool propylique : 22 grammes.
    alcool isobutylique : 12 grammes.
    alcool butylique normal : 31 grammes.
    alcool amylique : 109 grammes.
    autres alcools, petites quantités.

Ces chiffres sont naturellement très variables, ils indiquent une dose assez élevée qui ne doit guère être dépassée, car à la proportion de 3 grammes par litre les spiritueux deviennent dangereux.

Les trois alcools suivants sont les plus nuisibles :

L'alcool butylique normal, dont l'odeur irritante provoque la toux ;

L'alcool isobutylique que donne surtout la fermentation des pommes de terre et des betteraves ; son odeur rappelle celle du jasmin sauvage ;

L'alcool amylique qui forme la partie essentielle de l'alcool mauvais goût et qui aussi est le plus nuisible ; sa saveur est brûlante, *il est vénéneux et provoque les effets les plus graves de l'ivresse alcoolique ;* les eaux-de-vie de grains et de pommes de terre en contiennent toujours une trop grande quantité (**74** et **75**).

Les alcools en C⁶ et en C⁷ n'existent qu'en très petites proportions, les alcools retirés des marcs de raisin en fournissent un peu.

32. — ACIDES CORRESPONDANTS DE LA SÉRIE GRASSE

Les acides gras dont on reconnaît la présence dans les produits fermentés peuvent provenir ou de l'action d'une oxydase sur l'alcool correspondant, comme dans le cas de l'acide acétique dans la fabrication du vinaigre, ou de la dislocation d'un sucre ou amidon sous l'influence des diastases sécrétées par diverses bactéries. C'est ce deuxième cas qu'il faut surtout envisager actuellement. Peut-être plus tard trouvera-t-on certaines diastases provoquant uniquement la formations d'alcools supérieurs, et certaines oxydases agissant sur les différents alcools au fur et à mesure de leur production, assurant par ce fait la formation des acides correspondants.

La formule générale des acides gras est $C^n H^{2n} O^2$.

Ils sont appelés *gras* parce que certains d'entre eux sont contenus dans les graisses.

Les premiers termes C^1, C^2, C^3, sont liquides et solubles dans l'eau, leur odeur est forte et irritante, leur réaction est fortement acide.

Les termes moyens C^4 à C^8 ont une odeur très désagréable, ils sont de plus en plus huileux ; à partir de C^{10} les acides sont solides ; leur solubilité diminue rapidement en avançant dans la série.

L'acide formique (CH^2O^2) existe à l'état libre dans les fourmis, dans les soies des orties ; son odeur est pénétrante. *il est très énergique* et très caustique. C'est un antiseptique puissant *il paralyse à très petite dose l'action des levures.*

Avec l'alcool il forme un éther le *formiate d'éthyle.*

L'acide butyrique est très fréquent dans les fermentations ; on verra plus loin combien son action nuisible sur les levures est grande. Sa mauvaise odeur rappelle celle du *beurre rance* (**75**).

L'acide valérique n'existe qu'en petite quantité dans les produits fermentés, il est caustique, il possède une odeur piquante et très désagréable (sueurs fétides).

L'acide caproïque normal se forme plutôt dans la putréfaction des albuminoïdes que dans la fermentation des hydrates de carbone. On en trouve souvent dans le beurre de chèvre mal conservé. L'odeur de cet acide, désagréable et persistante, rappelle celle du beurre rance de ou la sueur.

33. — ÉTHERS SELS DES ACIDES GRAS

Dans le vin, dans les eaux-de-vie, en général dans toutes les boissons alcooliques il se forme en petite quantité des éthers résultant de l'action des acides gras sur les différents alcools, action que favorise la chaleur à laquelle on amène les produits fermentés pour les opérations de distillation.

Les éthers des acides gras ont un arôme spécial très agréable : profitant de cette qualité, l'industrie n'attend pas leur formation naturelle, elle en prépare pour les mélanger aux différents spiritueux.

L'acétate d'éthyle ou éther éthylacétique, dû à la combinaison de l'acide acétique sur l'acool ordinaire, possède une odeur éthérée agréable, il s'en forme surtout dans le vin et dans le vinaigre.

Le formiate d'éthyle ou éther éthylformique (acide formique sur l'alcool ordinaire) donne au rhum son arôme et son goût particuliers ; on l'emploie à la fabrication du rhum artificiel.

L'éther éthylbutyrique (acide butyrique sur alcool ordinaire) possède une odeur d'essence d'ananas.

L'éther amylacétique (acide acétique sur alcool amylique) : odeur d'essence de poires.

L'éther amylisovalérianique : odeur d'essence de pommes.

34. — ALCOOLS POLYATOMIQUES DES FERMENTATIONS.

On rencontre dans les produits fermentés, à côté des alcools homologues de l'alcool ordinaire, des alcools polyatomiques comme le glycol, la glycérine et la mannite.

Le glycol ($C^2H^6O^2$), alcool diatomique, est un liquide incolore, de consistance sirupeuse, inodore, de saveur sucrée, soluble dans l'eau et l'alcool, son point d'ébulition est très élevé (197°).

La glycérine ($C^3H^6O^3$) alcool triatomique, est un liquide épais, incolore, de saveur sucrée, que l'on emploie dans la fabrication artificielle du vin, des liqueurs, des conserves de fruits. Par oxydation elle peut former de l'acide glycérine, oxalique, tartrite, formique et même acétique (**42**).

La mannite ($C^6H^{14}O^6$), alcool hexatomique, se rencontre fréquemment dans les végétaux, notamment dans la canne à sucre et dans le seigle. C'est un corps en relation étroite avec les sucres en C^6, dont il ne diffère que par deux atomes d'hydrogène. La mannite se présente sous forme de fines aiguilles solubles dans l'eau froide, sa saveur est sucrée comme les deux alcools précédents (**78**).

Ces trois alcool polyatomiques peuvent former des corps analogues à ceux fournis par les alcools mono-atomiques : acides, éthers, etc...

35. — L'ACIDE LACTIQUE ($C^3H^6O^3$).

Cet acide, très important dans la chimie des fermentations, est un acide-alcool, c'est-à-dire qu'il peut fonctionner soit comme acide, soit comme alcool.

Il se présente sous forme d'un liquide incolore de consistance sirupeuse, de saveur aigre ; il est soluble dans l'eau et dans l'alcool en toutes proportions. Par oxydation l'acide lactique donne de l'acide acétique et de l'acide carbonique.

On le rencontre après fermentation, dans le lait devenu aigre, dans le jus fermenté des betteraves, dans celui de la choucroute, dans les levains de distillerie et de boulangerie (**71**).

TROISIÈME PARTIE

FERMENTATIONS DU DOMAINE INDUSTRIEL

CHAPITRE PREMIER

Fermentation sous l'influence des Levures. Chimie de la fermentation alcoolique.

L'étude sur la fermentation alcoolique sera présentée en deux parties. Dans la première on ne fera que rassembler sous forme synthétique les résultats déjà acquis dans les pages précédentes au sujet des dislocations chimiques.

Dans la deuxième, on examinera ce phénomène en s'appuyant sur les fonctions biologiques des levures.

36. — DÉFINITION DE LA FERMENTATION ALCOOLIQUE.

On dit qu'il y a fermentation alcoolique dans une substance organique, quand il se produit une notable quantité d'alcool ordinaire.

Dans toutes les fermentations cette production d'alcool ordinaire est due à la transformation et à la dislocation d'un hydrate de carbone, sous l'action d'une diastase particulière.

Beaucoup de microbes, en raison de leurs sécrétions diastasiques, donnent de l'alcool ordinaire parmi les produits de leur vitalité. Mais les agents les plus actifs sont les *levures*, qui produisent de la diastase alcoolique en assez grande quantité *pendant leur existence anaérobie* (**46**).

37. — SUBSTANCES ALCOOLIGÈNES.

Les substances alcooligènes comprennent les hydrates de carbone des deux premières catégories, c'est-à-dire ceux qui peuvent constituer un aliment pour les cellules après diverses transformations énumérées précédemment.

Les substances les plus employées dans l'industrie sont :

1° Les sucres : glucose, fructose, maltose, saccharose.

2° Les matières amylacées, amidons et fécules.

Parmi les principaux végétaux, d'où l'on tire ces substances alcooligènes et qui, par conséquent, servent à la fabrication de l'alcool, citons les suivants (les chiffres indiquent le pour cent) :

1° *Fournissant de l'amidon* :

L'orge 49 à 72 ; le seigle 60 à 72 ; les pommes de terre 14 à 20.

2° *Fournissant du saccharose* :

La betterave 10 à 20 ; le sorgho 10 à 15 ; la tige de maïs 5 à 10 ; la canne à sucre 17 ;

3° *Fournissant du glucose et du fructose* :

Le topinambour 12 à 14 ; les dattes 66 ; la figue sèche 40 ; les poires et pommes mûres 10 à 12, le jus de raisin 10 à 30.

38 — LES PHASES DE LA FABRICATION DE L'ALCOOL.

Les levures employées dans l'industrie secrètent généralement trois diastases importantes : **la sucrase, la maltase, la zymase**. La connaissance de cette sécrétion permet dès lors de déterminer facilement les phases de la production de l'alcool ordinaire.

Le nombre de phases varie naturellement suivant la substance alcooligène employée.

Si cette substance est une matière amylacée, on aura les trois phases indiquées ci-après, comme, par exemple, dans la fabrication de la bière et des alcools de grains ou de pommes de terre.

Si l'on soumet à l'action des levures des sucres en C^{12}, on n'aura que les deux premières phases, comme dans la fabrication de l'alcool de betterave.

Si un sucre en C^6 est tout préparé, on n'aura que la troisième à considérer, comme le fait se présente dans la fabrication du vin et du cidre et dans la panification.

39.— PREMIÈRE PHASE. SACCHARIFICATION DES MATIÈRES AMYLACÉES

On obtient cette saccharification par l'action de l'*amylase*, qui transforme l'empois d'amidon en maltose.

Cette transformation est provoquée par une opération distincte de l'action des levures, puisque celles-ci ne sécrètent pas d'amylase. L'action diastasique de l'amylase a été indiquée précédemment (**25**).

Cette saccharification peut être aussi obtenue par l'action des acides sulfurique ou chlorhydrique. Ce procédé, très employé autrefois, tend actuellement à disparaître.

40. — DEUXIÈME PHASE. ACTION DES DIASTASES HYDROLYSANTES DES LEVURES

Mises en présence des sucres à douze atomes de carbone (sucre de betterave, sucre de canne, maltose), les diastases hydrolysantes des levures les dédoublent en sucres à six atomes de carbone : en glucose et levulose.

On est alors en présence de sucres immédiatement assimilables par la cellule vivante (**12**).

41. — TROISIÈME PHASE. ACTION DE LA ZYMASE :
FERMENTATION ALCOOLIQUE PROPREMENT DITE

A leur tour, le glucose et le levulose se disloquent sous l'action de la *zymase*, en alcool ordinaire et en acide carbonique, dont une très petite partie est utilisée par les cellules levures et le reste rejeté comme déchet (**12**). La formule de la dislocation du glucose sous l'action de la zymase est :

$$\underset{\text{glucose}}{C^6H^{12}O^6} = \underset{\text{acide carbonique}}{2CO^2} + \underset{\text{alcool ordinaire}}{2C^2H^6O}$$

Il y a, en outre, quelques sous-produits en petite quantité (acide succinique, glycérine), ceux-ci proviennent de la dislocation de *quelques molécules de sucre* sous l'action de diastases mal connues ; d'après Pasteur, 4 à 5 p. 100 du sucre disloqué sont employés, à cet effet, en outre, 1 p. 100 du sucre environ est utilisé par les cellules levures pour leur entretien et pour leur développement (**12**).

42. — CALCUL DU RENDEMENT THÉORIQUE
ET DU RENDEMENT MOYEN EN ALCOOL

En tenant compte, dans les équations énoncées précédemment, du poids atomique des éléments, on

obtient les quantités théoriques en produits de dislocation :

$$\text{I. Action de l'amylase} \begin{cases} 2. \dfrac{C^6H^{10}O^5}{2\times 162} + \dfrac{H^2O}{18} = \dfrac{C^{12}H^{22}O^{11}}{342} \end{cases}$$

$$\text{II. Action de la sucrase ou de la maltase} \begin{cases} 2. \dfrac{C^6H^{12}O^6}{2\times 180} = \dfrac{H^2O}{18} + \dfrac{C^{12}H^{22}O^{11}}{342} \end{cases}$$

$$\text{III. Action de la zymase} \begin{cases} 2\times \dfrac{C^6H^{12}O^6}{2\times 180} = \dfrac{4.C^2H^6O}{4\times 46} + \dfrac{4.CO^2}{4\times 44} \end{cases}$$

En résumé, on trouve que *théoriquement* :

100 parties d'amidon fournissent 56 p. 79 alcool = 71 lit. 4 ;

100 parties de sucre C^{12} fournissent 53 p. 80 alcool = 67 lit. 7 ;

100 parties de sucre C^6 fournissent 51 p. 10 alcool = 64 lit. 3.

Les chiffres précédents permettent de déterminer la quantité d'alcool qu'il est possible de retirer d'un moût contenant une quantité de sucre ou de matière amylacée bien connue ou, réciproquement, de calculer la quantité de sucre qu'il faut ajouter à un moût pour en rehausser le degré alcoolique.

Seulement, ces chiffres ne peuvent s'appliquer qu'à une fermentation telle qu'elle serait obtenue dans un laboratoire en utilisant des moûts parfaitement stérilisés et cultivés avec des levures pures (déduction étant faite des 5 p. 100 de sucre disloqués en acide succinique, en glycérine ou transformés en levure).

Dans l'industrie on n'obtient pas des quantités aussi élevées. On verra, en effet, plus loin (**70**), que la fermentation alcoolique s'accompagne toujours de fermentations secondaires, en première ligne : les fermentations butyriques et lactiques. Une certaine quantité de sucre est employée à cet effet par les bactéries, quantité d'autant plus élevée que les opérations sont moins bien soignées (4 à 20 p. 100).

Il faut tenir compte également de l'évaporation de l'alcool, facilitée par la température des cuves de fermentation, des quantités de matières amylacées non transformées en maltose : environ 2 p. 100, des 5 p. 100 dont il est question ci-dessus. Tout compte fait, les pertes de fermentation s'élèvent, dans des conditions moyennes de fabrication : pour l'amidon, à un nombre compris entre 14 et 28 p. 100 ; pour les sucres en C^{12} et C^6, entre 10 et 25 p. 100.

Le rendement pratique dans ces conditions est réduit à *80 p. 100 du rendement théorique pour l'amidon* et à *84 p. 100 pour les sucres*, c'est-à-dire que l'on obtient dans des *conditions normales* de fabrication :

Avec 100 kilogrammes d'amidon, 57 l. 12 d'alcool absolu ;

Avec 100 kilogrammes saccharose et maltose, 56 l. 86 d'alcool absolu ;

Avec 100 kilogrammes glucose, 54 l. 01 d'alcool absolu.

Exemples : 1° Les betteraves de densité d contiennent $[d \times 2 \ 0/0]$ saccharose (approximativement).

Dans des conditions moyennes de fabrication, on doit obtenir en alcool : $2 \times d \times 0 \ 1. \ 56 = $ un peu plus de d litres alcool ;

2° 100 kilogrammes de grains employés pour la fabrication des alcools d'industrie, d'une richesse moyenne de 60 p. 100 d'amidon, peuvent donner environ

$$\frac{60 \times 57 \ 1.}{100} = 34 \ 1. \ 2 \text{ d'alcool absolu};$$

3° Les pommes de terre employées pour le même usage renferment 15 à 20 p. 100 d'amidon, 100 kilogrammes peuvent donner une moyenne de :

$$\frac{17 \times 57 \ 1.}{100} = 9 \ 1. \ 6 \text{ alcool absolu}.$$

43. — REHAUSSEMENT ALCOOLIQUE DES MOUTS

Pour rehausser le degré alcoolique d'un moût, il suffit d'ajouter une quantité de sucre, déterminée par les nombres moyens précédents. Pour fixer les idées, si l'on est en présence d'un hectolitre de moût de vin, pour élever la teneur en alcool de un degré par litre, il faudra ajouter : $\frac{100}{57} = 1$ kgr. 750 saccharose ou $\frac{100}{54} = 1$ kgr. 850 glucose.

Il faut, toutefois, faire la réserve expresse que la

dislocation totale des sucres ou le rehaussement alcoolique ne seront possibles *que si les fonctions vitales des cellules levures sont suffisantes.*

Il sera parlé de ce point biologique important dans le chapitre suivant.

CHAPITRE II

Fermentation alcoolique considérée au point de vue biologique.

44. — Les levures sont des cellules microbiennes se présentant sous la forme ronde ou ovale, certaines cellules sont très allongées, parfois elles se réunissent les unes aux autres et affectent la forme rameuse.

La dimension des cellules dans leur plus grand diamètre varie de 3 à 10 μ : les cellules rameuses peuvent atteindre une longueur de 20 μ.

Dans la fermentation alcoolique il faut attacher une grande importance aux deux fonctions vitales des levures : la *reproduction des cellules*, la *puissance de sécrétion diastasique*, lesquelles fonctions sont liées de près l'une à l'autre.

45.— REPRODUCTION DES LEVURES. BOURGEONNEMENTS ET SPORULATION

Le mode normal de reproduction des levures est le

bourgeonnement. Certaines espèces peuvent également se reproduire par sporulation (fig. 2, 4, 5).

Si les cellules se trouvent dans des conditions

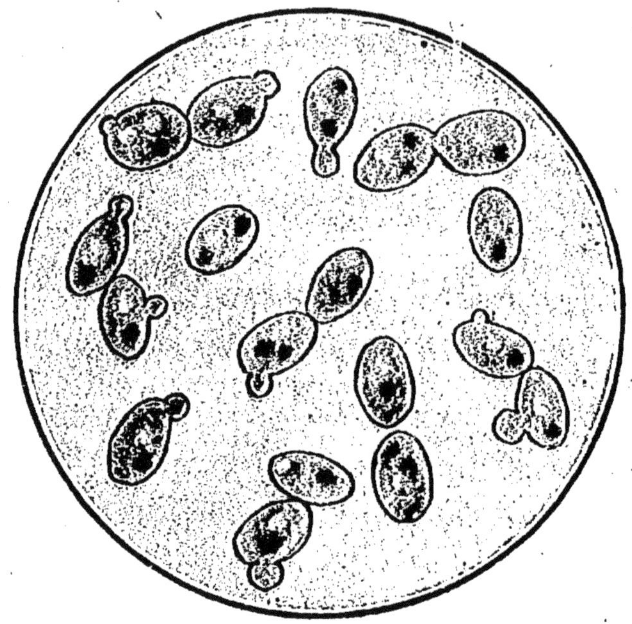

Fig. 4. — Saccharomyces cerevisiæ. Levure basse. — Globules
ovoïdes isolés ou deux par deux.

$$\frac{1000}{1}$$

d'existence favorables, c'est-à-dire, si elles trouvent
dans leur milieu les aliments nécessaires à leur croissance elles se multiplient par bourgeonnement (**7**).

Si au contraire les conditions sont défavorables
et surtout si le sucre est absent, il y aura formation
de *spores*, qui plus résistantes, attendront un état favorable du milieu pour se développer.

On reconnaît la sporulation des levures quand les cellules prennent des formes triangulaire, losangique, tétraédique, suivant que la cellule donne 3, 4 ou 6 spores.

La méthode la plus fréquemment employée pour

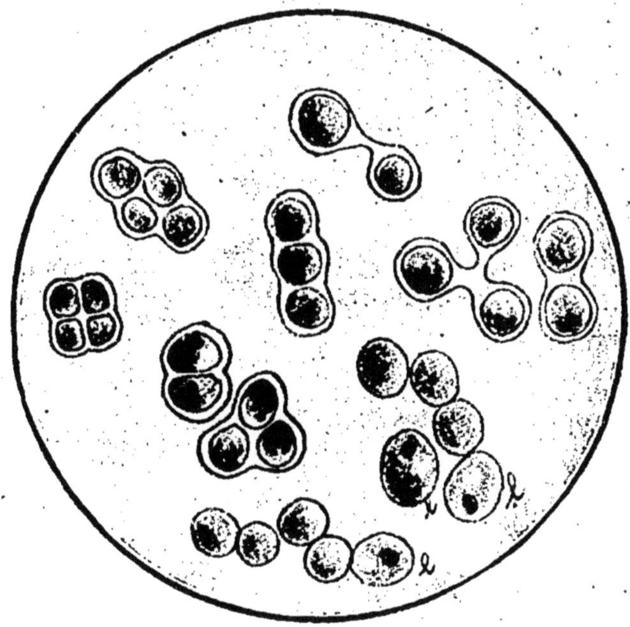

Fig. 5. — Spores en formation et en germination (levure basse).—
l, levure formée avec noyau et vacuoles visibles.

$$\frac{1000}{1}$$

obtenir des levures sporulées consiste à étendre de la levure fraîche bien lavée, sur un bloc de plâtre maintenu humide. Si par un procédé pratique il était possible d'obtenir en grande quantité de la levure sporulée, sans doute on serait bien près de résoudre le problème actuellement difficile de la conservation des levures.

46. — DISLOCATION DES SUCRES PAR LES LEVURES EN PÉRIODE AÉROBIE OU ANAÉROBIE

Les levures sont des microbes à la fois aérobie et anaérobie.

L'étude faite précédemment au sujet des deux modes de nutrition indique comment la levure doit se comporter dans chacun des genres d'existence : en période aérobie, les levures se développent en brûlant par l'intervention des oxydases les matières alimentaires qui se trouvent à leur portée : aussitôt que l'oxygène diminue, elles reprennent peu à peu leur existence anaérobie, c'est-à-dire, qu'elles secrètent leurs diastases de dédoublement et de dislocation des sucres, d'où résulte la fermentation alcoolique (**12 et 14**).

On voit donc comme premier enseignement que la fermentation alcoolique n'aura lieu que pendant la vie anaérobie de la levure, puisque ce n'est que pendant cette phase de son existence que la levure secrète de la diastase disloquante (*zymase*).

D'autres faits importants résultent de la considération des deux modes de vitalité des levures.

Pour opérer la synthèse de la matière vivante, un mouvement calorifique intérieur est nécessaire (**12**). Or, pendant la vie aérobie des levures, l'oxydation du sucre produit un dégagement de chaleur beaucoup plus élevé que celui provenant de la dislocation du sucre par la « zymase », comme le montrent les deux formules suivantes :

(1) $C^6H^{12}O^6 + 12 O = 6H^2O + 6CO^2 : + 673^c$ (*vie aérobie*).

(2) $C^6H^{12}O^6 = 2C^2H^6O + 2CO^2 : + 33^c$ (*vie anaérobie*).

La formule (1) donne 673 calories, la formule (2) relative à la vie anaérobie n'en donne que 33.

D'où, pendant son existence strictement aérobie à l'aide d'*un très petit travail chimique*, c'est-à-dire par la dislocation d'une petite quantité de sucre en acide carbonique et en eau (formule 1) la levure pourra assimiler beaucoup, par suite se multiplier beaucoup, tandis que pendant sa vie anaérobie, le contraire aura lieu, car la dislocation du sucre en alcool et en acide carbonique obligera la levure à donner un travail chimique beaucoup plus considérable (formule 2) (**12**).

47. — POUVOIR FERMENT DES LEVURES. SA RELATION AVEC LA RICHESSE DES MOUTS EN OXYGÈNE.

Pour représenter la valeur d'une levure comme *ferment alcoolique*, Pasteur a établi une expression qui donne une relation entre le poids de sucre disloqué et le poids de levure formée.

Ce terme de comparaison est appelé le **Pouvoir ferment**. Il a pour valeur le rapport des deux quantités indiquées ci-dessus.

$$P.\ f. = \frac{\text{Poids sucre disloqué}}{\text{Poids levure formée}}$$

Pour obtenir une suite de valeurs comparatives, il faut que dans une série d'épreuves, la quantité de levure mise en culture et la durée de fermentation soit respectivement égales.

On vérifie par expérience que SI LE MILIEU EST RICHE EN OXYGÈNE, *le pouvoir ferment est peu élevé, c'est-à-dire que le poids du sucre disloqué est relativement faible quant au poids de levure formée ; ce sucre ne donne lieu qu'à la formation d'une* FAIBLE QUANTITÉ D'ALCOOL, attendu que pendant l'action aérobie des levures une grande partie du sucre est transformée en eau et CO_2 par oxydation, transformation qui permet la multiplication intense des levures.

SI LE MILIEU EST PAUVRE EN OXYGÈNE, *la levure se développe peu, le pouvoir ferment est élevé, c'est-à-dire qu'il disparaît une assez forte quantité de sucre comparativement au poids de levure formée. Ce sucre est presque totalement transformé en alcool ordinaire et acide carbonique.*

48. — PÉRIODES DE FERMENTATION CORRESPONDANT AUX DIFFÉRENTES VALEURS DU POUVOIR FERMENT

Ce qui précède explique pourquoi dans un moût mis en fermentation, à la période de début, appelée **fermentation préliminaire** correspond le bourgeonnement intense des levures avec formation abondante d'acide carbonique, le *pouvoir ferment* a une valeur faible, cette période dure jusqu'à ce que la quantité d'oxygène soit fortement diminuée, ce qui arrive assez rapidement car la formule (1) nous montre qu'il faut 12 molécules d'oxygène pour l'oxydation d'une seule molécule de sucre.

A partir de ce moment les fonctions anaérobies de la levure augmentent de plus en plus, la dislocation du sucre donne beaucoup d'alcool, c'est la période de **fermentation principale** pendant, laquelle le *pouvoir ferment* prend sa valeur maximum.

Cette période est suivie de la **fermentation complémentaire** : le sucre achève lentement de se disloquer. C'est pendant cette phase que se forment les éthers en grande partie.

A cette dernière période correspond l'épuisement des fonctions des cellules-levures. Le *pouvoir ferment* diminue en raison de la plus petite quantité de sucre transformée pendant l'unité de temps. Les causes de cette perte d'activité seront données ci-après (**52**).

49. — AÉRATION DES MOÛTS ET DES LEVAINS.

Dans les fermentations industrielles on conçoit qu'il est nécessaire de pratiquer l'aération des *levains* pendant toute la durée du travail, puisque ceux-ci ont surtout pour objet de fournir des cellules-levures en aussi grand nombre que possible.

En ce qui concerne le *moût*, il est utile également de pratiquer une aération convenable, mais seulement *dans la période de début*, pour obtenir immédiatement une multiplication intense des cellules du levain, le *pouvoir ferment* n'en sera que plus élevé dans la période de fermentation principale.

Inutile d'ajouter que eu égard à l'oxydation du sucre il faut éviter l'aération pendant la phase active, à moins que les levures aient perdu trop tôt leur énergie pour une cause quelconque, dans ce cas une aération bien raisonnée permettra parfois de raviver cette énergie et de rendre à la fermentation une force nouvelle.

Quant aux fabricants de levures il recherchent naturellement les conditions de travail, dans lesquelles le développement des levures est le plus élevé, c'est-à-dire qu'ils les cultivent dans les liquides nourriciers toujours très aérés. le *pouvoir ferment* est dans ce cas très faible, mais ce point de vue est pour eux tout à fait secondaire.

La théorie de l'aération bien conduite a permis

aux fabricants de levure de faire passer de 10 à 25 p. 100 le rendement de leur fabrication.

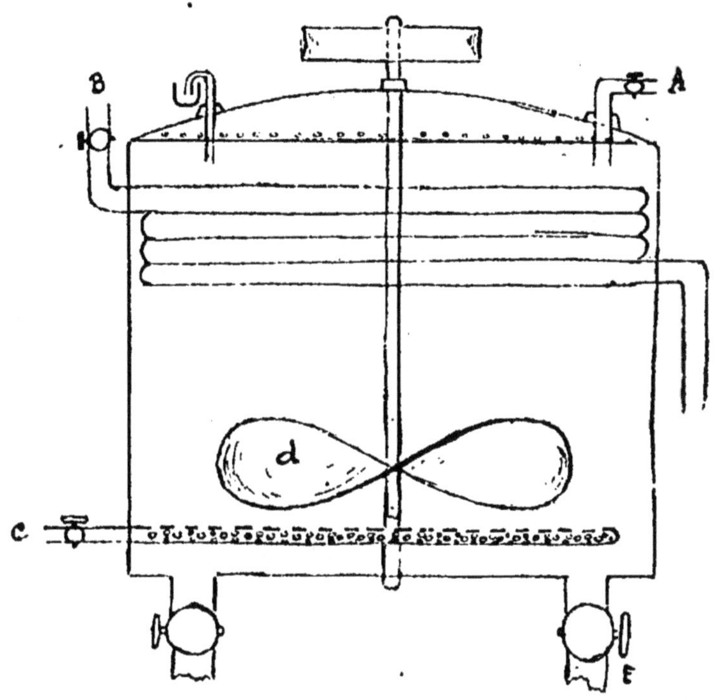

Fig. 3. — Oxygénateur pour moûts de brasserie. A, tuyau d'arrivée du moût bouillant ; B, serpentin à eau froide ; C, tuyau circulaire pour l'air filtré ; D, agitateur à ailettes ; E, tuyau d'échappement.

50. — OXYGÉNATEURS.

Cette théorie de l'aération des moûts a été réalisée pratiquement à l'aide d'appareils appelés *oxygénateurs*.

L'appareil Velten très employé est d'une grande simplicité (fig. 3).

Il se compose d'un cylindre en tôle à l'intérieur duquel sont disposés un agitateur à ailettes et un serpentin à circulation d'eau froide.

L'air préalablement stérilisé au filtre coton arrive par le bas.

Avant l'opération on passe à la vapeur le bac et la tuyauterie.

51. — CALCUL DU POUVOIR FERMENT.

On détermine le nombre qui exprime le *pouvoir ferment* d'une levure en calculant les deux termes du rapport donné précédemment.

1° *Poids du sucre disloqué.* — Au lieu de mesurer le sucre disparu, on peut calculer la perte de CO_2 provenant de la dislocation : 46 gr. 36 de CO_2 correspondent à 100 grammes de sucre.

On emploie comme appareil une bouteille ordinaire ou mieux un vase conique, pour diminuer la surface d'échappement du gaz carbonique, on adapte au bouchon de caoutchouc un tube à chlorure de calcium, destiné à retenir l'eau entraînée.

Dans un litre de moût préalablement stérilisé on ajoute un gramme de levure à essayer, en pâte molle.

L'appareil ainsi constitué est pesé, puis placé dans une étuve à 30° pendant six heures.

Au bout de ce temps l'appareil est pesé à nouveau,

la différence de poids indique la production d'acide carbonique, d'où se déduit le poids de sucre disloqué.

On peut encore calculer le sucre disparu en dosant avec la liqueur de Fehling le sucre restant.

2° *Poids de levure formée.* — On soutire le liquide clair du moût pour obtenir le dépôt de levure. Ce dépôt désséché lentement à l'étuve est pesé.

Par la dessiccation d'une dizaine de grammes de levure en pâte molle on détermine le poids à l'état sec d'un gramme de levure.

Par différence on obtient le poids de levure formée.

La division du nombre de grammes de sucre disloqué par celui de levure formée donne le nombre exprimant le *pouvoir ferment*, expression qu'il faudra comparer au *pouvoir ferment* d'autres levures expérimentées dans des conditions identiques.

52. — VARIATIONS DE L'*action diastasique* ET DU *pouvoir ferment* SOUS L'INFLUENCE DE LA TEMPÉRATURE ET DE DIVERS AGENTS CHIMIQUES.

Le « pouvoir ferment » varie avec les fonctions vitales des cellules levures, surtout par l'intermédiaire de son numérateur (*poids du sucre disloqué*), lesquelles fonctions, et, au premier rang, la puissance diastasique, sont fortement influencées par certains agents physiques et chimiques.

Cette question est fort complexe en raison des

nombreux facteurs qui interviennent. Elle exigerait pour être mise au point tout une étude particulière.

Pour rester dans des limites assez restreintes, on ne tiendra compte que de l'action de la chaleur et de quelques substances chimiques qui prennent naissance dans les fermentations secondaires.

Ces éléments seront utilisés plus loin pour déterminer les conditions de concurrence entre les levures et bactéries (**77**).

53. — ACTION DE LA CHALEUR.

L'énergie des levures commence à se manifester vers 5°. Cette énergie, pour la plupart des espèces, atteint sa valeur maximum entre 25 et 35°, car c'est dans cet intervalle de température que les sécrétions diastasiques sont les plus intenses. En brasserie, certaines levures sont cependant employées entre 5 et 10°, d'autres entre 10 et 20°, et cela pour des raisons de fabrication qui apparaîtront quand seront étudiées les fermentations secondaires (**76**). Dans ces cas particuliers la valeur du *pouvoir ferment* reste constamment au-dessous du maximum, il en résulte que les fermentations, pour être complètes, exigent une durée plus ou moins longue : par exemple les levures employées de 5 à 10° obligent à conserver les moûts en fermentation pendant une quinzaine de jours, tandis que les levures utilisées de 10 à 20° ne demandent déjà plus de 4 à 5 jours.

Dans la fabrication des alcools où les moûts atteignent une température comprise entre 20 et 30°, le « pouvoir ferment » prend sa valeur la plus élevée, la fermentation est complète en 60 heures.

A partir de 35° la levure souffre, son activité diminue rapidement, à l'état humide elle est tuée par une température de 50 à 60°, à l'état sec, elle résiste à 110° (**101**).

54. — ACTION DES ACIDES ET ALCOOLS.

L'acide carbonique qui se dégage pendant la fermentation tend à affaiblir les cellules levures, d'une façon modérée cependant.

Quelques acides comme *l'acide malique*, *l'acide tartrique*, ne gênent ni le développement des levures, ni les actions diastasiques tant que la dose ne dépasse pas *1 p. 100* environ ; *l'acide lactique* dont il a été si souvent question n'est nuisible qu'à *2 et 3 p. 100*.

L'acide fluorhydrique est supporté jusqu'à 0,1 p. 100.

On constate même, lorsque les doses indiquées ci-dessus ne sont pas atteintes, que ces acides exaltent l'énergie des cellules. C'est une des raisons pour laquelle, dans l'industrie des levures et dans la préparation des levains de distillerie, on provoque l'acidification préalable du milieu en culture (1). On peut

---

(1) Les levains sont généralement acidifiés à 0,5 p. 100 d'acide lactique ou à 0,02 p. 100 d'acide fluorhydrique. Dans les moûts la teneur en acide est moins élevée.

ajouter à la liste des produits favorables aux levures, le fluorure de potassium employé à la dose de six milligrammes par litre de moût (**63**).

Il n'en est plus de même de quelques autres produits que l'on rencontre dans certaines fermentations mal conduites, comme les alcools supérieurs et acides gras (**31** et **32**).

En ce qui concerne ces derniers, les faibles doses suivantes arrêtent toute activité chez les levures ;

0,20 p. 100 d'acide formique ;
0,50 p. 100 d'acide acétique ;
0,15 p. 100 d'acide propionique ;
0,05 p. 100 d'acide butyrique.

Quant aux alcools les doses supportées par les cellules sont un peu plus élevées, elles le sont d'autant plus que l'indice du carbone dans la formule générale est plus faible, voici les doses maxima :

1 p. 100 d'alcool amylique (alcool en C^5);
2,5 p. 100 d'alcool butylique (alcool en C^4) ;
10 p. 100 d'alcool propylique (alcool en C^3) ;
15 p. 100 *d'alcool ordinaire* (alcool en C^2), (**102**).

Dans la fabrication du vin ont voit pourquoi le degré alcoolique dépasse difficilement le nombre 15.

Beaucoup de levures de vin supportent même difficilement une dose d'alcool ordinaire dépassant 10 p. 100.

En résumé, parmi les agents chimiques il faut distinguer :

1° Ceux qui favorisent l'action des diastases et

le développement des levures ou qui n'entravent ces fonctions qu'à doses relativement élevées.

2° Ceux qui suppriment toutes fonctions vitales chez les levures à faibles doses. (**76** et **77**.)

CHAPITRE III

Emploi et préparation des levures pour assurer la fermentation alcoolique dans l'industrie.

55. — CLASSIFICATION DES LEVURES SUIVANT LEUR POUVOIR DIASTASIQUE.

Bien que la plupart des levures agissent comme ferments alcooliques, toutes ne peuvent être employées dans l'industrie ; il y a de bonnes espèces qui conviennent très bien à la fabrication de la bière, du vin, de l'alcool, du cidre ; mais il y a aussi des levures dont l'emploi doit être absolument écarté, parce qu'elles produisent, comme les bactéries, de véritables *maladies des moûts*.

Pour assurer une fabrication, l'industriel, autrefois, ne pouvait avoir à sa disposition qu'une culture de levures provenant d'une fabrication antérieure, laquelle culture contenait infailliblement des bactéries et différentes races de levures, bonnes et mauvaises.

Pour éviter cet inconvénient, Pasteur conçut l'idée d'ensemencer les moûts à l'aide d'une culture pure d'une seule espèce de levure. Ce procédé, fort utile, est actuellement très employé. Avant d'examiner les moyens en usage pour atteindre un pareil résultat, il est nécessaire de connaître les propriétés des différentes races de levures.

Le docteur Hansen, de Carlsberg, a classé les levures en espèces à caractères aussi constants que possible :

Il a établi en premier lieu deux grands groupes : *les saccharomyces* proprement dits, qui peuvent sé reproduire par sporulation, et les *non-saccharomyces*, qui ne donnent jamais de spores.

Dans chacun de ces groupes les levures sont ensuite classées d'après leur sécrétion en diastases des hydrates de carbone.

Les saccharomyces comprennent :

1° Les saccharomyces sécrétant de la *zymase* et de la *sucrase*, parmi lesquels il faut encore distinguer les levures sécrétant ou non de la *maltase*. Ces deux catégories sont les plus importantes.

2° Les saccharomyces ne sécrétant *ni sucrase, ni zymase* ; ceux-ci ne donnent pas lieu à fermentation alcoolique.

Les non-saccharomyces, dont l'importance est moindre, comprennent :

3° Les levures sécrétant de la *maltase*, de la *sucrase*, de la *zymase* ;

4° Les levures sécrétant *ni sucrase, ni maltase,* mais de la *zymase*.

On peut ajouter, en dehors de ces groupes, les levures sécrétant de la *lactase*.

Cette classification basée sur les sécrétions diastasiques permet de déterminer la levure à employer pour assurer une fermentation alcoolique, connaissant le ou les sucres que l'on doit disloquer dans un moût.

Dans la fabrication de la bière, par exemple, on devra employer une levure sécrétant de la maltase, puisque l'on soumet à la fermentation alcoolique une dissolution de maltose ; de même dans la fabrication des alcools d'industrie, il faudra employer, suivant le cas, des levures sécrétant de la sucrase ou de la maltase, suivant que l'on soumet à la fermentation : des betteraves, des pommes de terre ou des grains (**38**).

Pour obtenir une fermentation alcoolique à l'aide de raisins ou autres fruits, une levure sécrétant uniquement de la zymase sera suffisante puisque dans les jus de fruits un ou plusieurs sucres en C^6 existent tout formés (**21**).

I. Saccharomyces.

56. — SACCHAROMYCES CEREVISIÆ.

Ces saccharomyces sont les ferments alcooliques les plus importants et les plus actifs.

Les cellules sont rondes ou ovales et mesurent 8 à

9 μ. Ces levures employées pour la fabrication de la bière sécrètent de la *zymase*, de la *sucrase* et de la *maltase*. On distingue les *levures hautes* et les *levures basses*.

Les *levures hautes* (fig. 2) font fermenter les moûts à une température comprise en 15 et 20°. Elles affectent généralement l'aspect rameux, car après le bourgeonnement, les cellules naissantes restent attachées à la cellule-mère. Ces levures présentent aux bulles d'acide carbonique une surface étendue ; elles sont entraînées à la partie supérieure des moûts.

Les *levures basses* (fig. 4) font fermenter les moûts à une température ne dépassant pas 12 à 14°.

Elles vivent isolément et tombent au fond des cuves de fermentation. Le développement des cellules est moins rapide que dans le cas précédent.

Les SACCHAROMYCES CEREVISIÆ, en vertu de leurs sécrétions diastasiques, conviennent très bien à la fabrication des alcools de pommes de terre, de grains, de betteraves ; à la fabrication du pain ; aussi tant pour la brasserie que pour la distillerie et la boulangerie, l'industrie en prépare par culture artificielle de grandes quantités.

57. — SACCHAROMYCES PASTORIANUS (fig. 6).

On rencontre ces saccharomyces dans les fermentations alcooliques du vin et de la bière. Si, dans la fabrication du vin leur rôle est assez important, dans la fabrication de la bière, au contraire, leur présence est nuisible, car une espèce de ces levures rend la

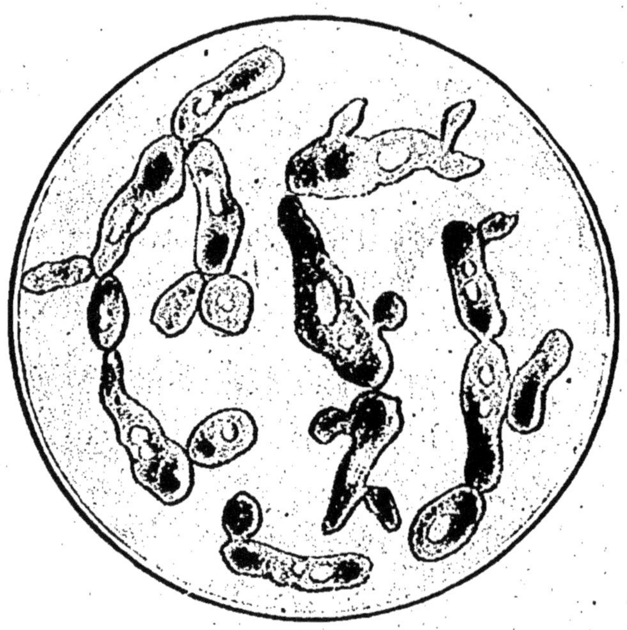

Fig. 6. — Saccharomyces pastorianus, cellules ovales, allongées ou pyriformes de 12, 18, 24 μ.

$$\frac{1000}{1}$$

(Saccharomyces).

bière trouble, une autre espèce la rend amère.

Comme les levures précédentes, elles secrètent de la *maltase, sucrase* et *zymase.*

Leur forme en massue et leur aspect rameux les rendent facilement reconnaissables.

Les cellules très longues atteignent parfois de 15 à 20 μ.

58. — SACCHAROMYCES ELLIPSOIDEUS.

Cette espèce de levure est très répandue sur les pellicules de beaucoup de fruits ; par conséquent on la rencontre dans la fabrication du vin, du cidre etc...

Dans les moûts de bière, elle se développe avec les deux saccharomyces précédents ; mais le brasseur cherche à l'éviter, car les cellules restent en suspension dans la bière, et contribuent à la rendre trouble.

La forme des cellules est ovale ; leurs dimensions sont plus petites que celles des cellules cerevisiæ (4 μ sur 6 μ).

La sécrétion diastasique est la même que celle des levures précédentes.

59. — SACCHAROMYCES MINOR D'ENGEL (fig. 7)

Ce saccharomyces se développe dans le levain de farine.

Engel, qui l'a étudié, indique le moyen suivant pour obtenir un produit très riche en cellules de cette levure : On malaxe du levain de boulangerie sous un mince filet d'eau sucrée ; les cellules levures sont entraînées avec les grains d'amidon ; par suite de leur plus faible densité, les cellules-levures se déposent après les grains d'amidon. En lavant plusieurs fois la partie supérieure du dépôt, on obtient une quantité assez importante de cette levure.

Ce saccharomyces convient bien à la fabrication du pain, mais convient mal à la fabrication de la

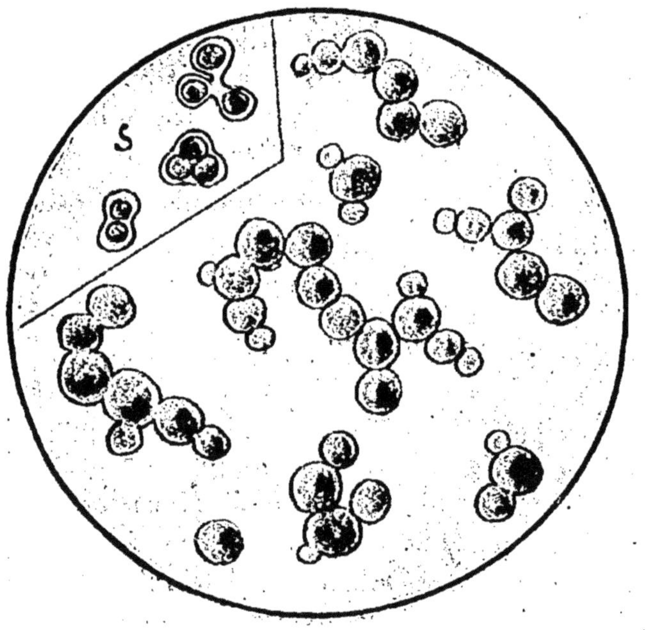

Fig. 7. — Saccharomyces minor d'Engel (levure de la panification) cellules de 6 μ, sans vacuoles visibles.
S, Sporulation, spores de 3 μ.

$$\frac{1000}{1}$$

bière ou autres liquides fermentés, car la fermentation alcoolique qui résulte de son emploi est très lente. Son « pouvoir ferment » est faible.

La forme des cellules est plutôt sphérique ; leur dimension n'est que de 6 µ. Les spores, ovoïdes, n'ont que 3 µ.

Les saccharomyces exiguus, Ludvigii et quelques autres ont moins d'importance.

II. Non saccharomyces provoquant la fermentation alcoolique.

Parmi ces levures ne formant pas de spores, citons la seule intéressante :

60. — LA LEVURE APICULÉE (fig. 8).

Cette levure est une des plus répandues dans la nature. On la trouve sur l'enveloppe de presque tous les fruits mûrs et doux : fraises, cerises, raisins, framboises, pommes, etc.

La forme des cellules est variable, Pendant la période active de leur existence, elles affectent la forme d'un citron ; à chaque extrémité se trouve une petite saillie ou apicule. Les bourgeons se développent toujours à l'une des extrémités pointues ; les cellules naissantes ont une forme ovale, qu'elles conservent jusqu'au moment du premier bourgeonnement. Cette levure ne sécrète *ni sucrase, ni maltase*; mais sécrète de la *zymase*. Elle ne peut donc agir que sur le glucose et le fructose (sucres que l'on rencontre dans les fruits).

Par suite, elle ne peut être employée en brasserie; elle peut servir à la fabrication du pain, car dans la pâte un sucre en C⁶ existe tout formé (**105**). C'est pour cette raison qu'en cas de nécessité, on peut

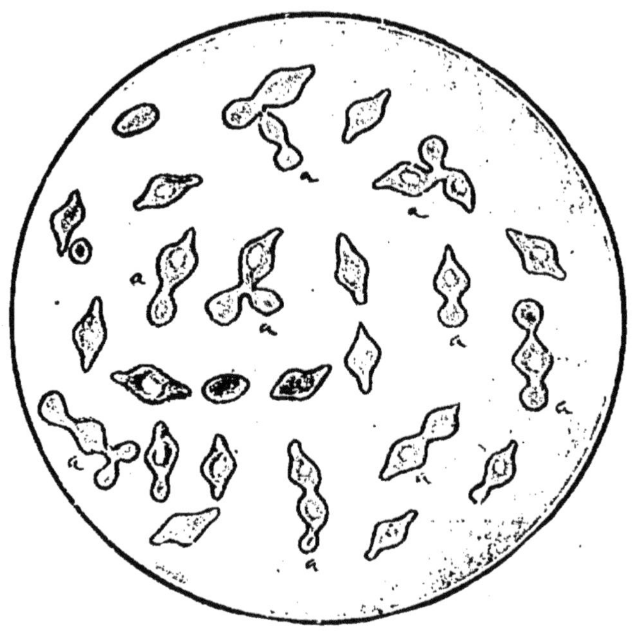

Fig. 8.— Levure apiculée, cellules de 6 à 7 μ, forme en citron ; *a*, cellules en bourgeonnement.

$$\frac{1000}{1}$$

obtenir un levain de boulangerie en préparant un moût avec de l'eau de lavage de grappes de raisins, ou de figues, moût que l'on délaie ensuite dans la pâte.

61. — PRÉPARATION DES LEVURES INDUSTRIELLES.

L'industrie des levures industrielles s'est considérablement modifiée depuis les travaux de Pasteur et de Hansen. Si la théorie ne peut répondre à certaines questions, on peut cependant dire que cette industrie a quitté le caractère empirique qu'elle avait auparavant pour prendre une tournure plus scientifique et plus précise.

Il existe plusieurs procédés de fabrication :

La culture dans des moûts de grains appropriés ;

La culture d'une seule race de levure, ou méthode des levures pures.

I. Culture des levures de grains.

62. — PRINCIPES DE LA FABRICATION.

Dans ce procédé plus rudimentaire que le procédé de culture des levures pures, mais aussi d'un prix de revient moins élevé, on cherche à obtenir un fort développement des cellules-levures, sans s'intéresser ni au *pouvoir ferment* ni à la *production d'alcool*, points tout à fait secondaires (**47**). Par suite, il faut opérer avec des moûts très aérés ; de plus, pour obtenir un rendement aussi élevé que possible, on

cultive surtout des levures hautes plus prolifiques
(**56**).

Pendant la fabrication, il faut prendre les mesures
utiles pour empêcher le développement des bactéries,
surtout des bactéries butyriques ; pour cela il est
nécessaire de préparer un milieu favorable au développement des levures, tout en rendant ce milieu
aussi défavorable que possible au développement
des bactéries. On obtient un pareil résultat en préparant un moût très concentré et très riche en matières nutritives, et en dissolvant dans ce moût des
substances chimiques qui exaltent l'énergie des levures. Ces substances chimiques sont celles indiquées
précédemment : les acides lactique, tartrique, et
fluorhydrique ; le tartrate de potasse et quelques fluo-
rures (**52** et **76**).

63. — PRÉPARATION DES LEVAINS ET MOUTS DE GRAINS.

Dans la culture des levures, on prépare séparément
un levain et un moût.

Le levain est un mélange de matières nutritives,
dans lequel on ensemence une petite quantité de
levure très pure que l'on cherche à développer très
vigoureusement. Lorsque les cellules sont en pleine
activité, le levain est utilisé pour assurer le développement de la levure dans le moût préparé séparément.

On emploie des céréales pour la confection des

levains et moûts ; les matières alimentaires des levures sont fournies par l'amidon contenu dans l'orge concassée ou dans le maïs ; cet amidon est transformé en maltose par le malt d'orge.

On ajoute un peu de seigle, dans lequel on trouve quelques matières azotées solubles. La levure a ainsi à sa disposition une nourriture hydrocarbonée, et le peu de nourriture azotée qui lui est nécessaire (1).

Pour diminuer le nombre de bactéries le levain est *saccharifié* à la température élevée de 70° ; la température de saccharification du moût n'est que de 50°.

Le levain doit être ensuite *acidifié*. Pour obtenir une acidification suffisante, on l'abandonne à une température de 50° et à l'air libre pendant quelques heures. Cette température est favorable au développement des bacilles lactiques (2) ; elle ne l'est pas du tout au développement des bactéries butyriques (**73** et **77**).

Quand l'acidité lactique du levain atteint 0,5 p. 100, la température est ramenée rapidement à 20° ; on emploie, à cet effet, des réfrigérants spéciaux de façon à éviter la zone de température 35-42° ; le levain est alors prêt à recevoir la levure-mère.

Comme levure-mère, on prend une quantité de

(1) En général, le levain est constitué par du malt, un peu de seigle, un peu de maïs, il est très concentré (24-26° Balling) ; quant au moût, en France, on le forme de un tiers de malt, un tiers de seigle, un tiers de maïs, il est très dilué, le rapport de la matière sèche à l'eau doit approcher 1 à 5.

(2) L'unique développement des bacilles lactiques est difficile par ce procédé, on le conçoit. Il est plus rationnel de provoquer l'acidité en ajoutant de l'acide lactique pure, mais ce procédé a le désavantage d'être trop coûteux.

levure provenant d'un levain précédent et représentant en volume la moitié du levain à cultiver.

La fermentation s'effectue entre 20 et 25° dans les conditions données précédemment, comme le levain est fortement aéré, les levures se développent énergiquement (**46** à **49**).

Pour prélever le levain à incorporer au moût, il faut choisir le moment précis où la levure adulte bourgeonne activement. La pratique enseigne que ce moment est venu lorsque le degré saccharimétrique du levain est réduit de moitié. Cette période de croissance des levures a une durée d'environ dix heures.

Aussitôt ensemencé, le moût est abandonné à une température de 20° environ ; la fermentation se produit, la levure monte à la partie supérieure sous forme de mousse ; on récolte cette mousse, qu'un courant d'eau entraîne dans un réservoir.

Dans ce réservoir, la levure traverse des tamis qui retiennent les impuretés : c'est le *lavage*, opération que l'on recommence autant de fois qu'il est utile. La levure se dépose en deux couches (1) au fond du bassin ; la levure mûre, plus dense, se dépose la première. C'est cette couche de levure qui, mélangée avec de l'amidon et un peu de saccharose, est livrée aux filtres-presses.

Le rendement obtenu actuellement atteint 25 p. 100.

(1) La couche supérieure ou *levure grise* est enlevée par un courant d'eau.

II. Culture des levures de race pure.

64. — La méthode précédente, quelles que soient les précautions prises, n'empêche pas le développement d'un certain nombre de bactéries et de mauvaises levures.

Pour remédier à cet inconvénient, Pasteur a donné un procédé permettant d'obtenir une grande quantité de levure en partant d'une cellule unique bien déterminée, cultivée dans des moûts stérilisés, en vase clos, à l'abri des germes de l'air.

La culture des levures pures comprend deux opérations :

1° Le développement d'une petite colonie provenant d'une cellule unique ;

2° La multiplication des cellules de la colonie.

65. — MÉTHODE DE PASTEUR

Cette méthode est la première en date. Pasteur prenait de la levure aussi fraîche que possible, en faisait une pâte avec du plâtre. Cette pâte, séchée et pulvérisée, était répandue dans l'air. Des ballons contenant du moût stérilisé étaient ouverts pendant très peu de temps. Grâce à la grande dilution des levures dans l'air, quelques ballons étaient ensemencés de une ou plusieurs levures. Autour de chaque cellule une colonie se développait. Pasteur choisissait les ballons ne contenant qu'une seule colonie, examinait l'espèce qui s'était développée dans chaque ballon et ne retenait que les cultures de bonne levure.

66. — MÉTHODE DE HANSEN

Le procédé précédent fut modifié et rendu plus pratique par Hansen.

Ce savant prit un peu de levure purifiée et la dilua dans une quantité d'eau stérilisée, telle qu'une goutte ne contienne qu'une cellule ; il est possible de se rendre compte de cette condition par l'examen au microscope.

En ensemençant ensuite avec une goutte de liquide beaucoup de ballons contenant du moût stérilisé, il arrive que certains de ces ballons ne prennent qu'une cellule-levure ; les ballons ne contenant qu'une seule colonie seront ceux-là.

Comme dans le procédé Pasteur, il est ensuite nécessaire de rechercher et de choisir, parmi les ballons à colonie unique, ceux dans lesquels l'espèce utile s'est développée. On possède alors une petite quantité d'une espèce pure qu'il est ensuite nécessaire de multiplier dans des appareils dits *de multiplication*.

67. — APPAREILS DE MULTIPLICATION.

Les premiers appareils de multiplication, ont été construits suivant les données de Pasteur. D'autres appareils ont été ensuite créés répondant au but poursuivi, dans un sens de plus en plus pratique.

Les principes généraux de la construction de ces appareils consistent :

A stériliser en vase clos un moût approprié à la culture des levures ;

A obtenir l'introduction facile de la colonie de la levure pure sans contact avec l'extérieur, à provoquer la fermentation du moût stérilisé dans des conditions telles que la multiplication des levures soit aussi élevée que possible ; on arrive à ce résultat par l'introduction d'une certaine quantité d'air préalablement purifié par des filtres de coton.

Un des appareils de ce genre, parmi les plus connus, est celui de M. Fernbach.

68. — APPAREILS FERNBACH POUR FABRICATION DES LEVAINS PURS.

I. — *Appareil de laboratoire* pouvant être utilisé dans l'industrie en raison de la simplicité de son fonctionnement.

Mode d'emploi. — 1° Stérilisation de l'appareil et

de la tuyauterie par jet de vapeur arrivant par le tube V.

2° Introduction du moût bouillant par B. Stérilisation du moût par jet de vapeur.

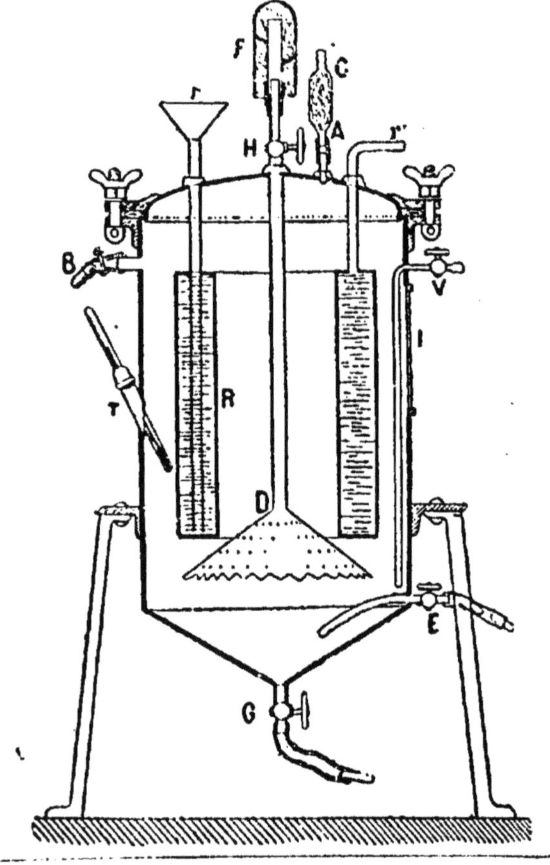

Fig. 9.

3° Refroidissement à la température de fermentation par circulation d'eau froide ou glacée dans le réfrigérant circulaire R.

4° Ensemencement du moût par le tube A, coiffé ensuite d'un tube à coton C.

5° Aération par le filtre à coton F et entonnoir D.

6° Fermentation. Surveillance par le thermomètre T et regard I.

7° Evacuation des couches de levures par E et G.

II. *Appareil Fernbach pour cultures continues.*

Cet appareil est construit sur les mêmes principes que le précédent. Il permet une production de levure intense et continue.

L'appareil comprend plusieurs cuves à des niveaux différents; la fermentation d'une cuve étant terminée, on ensemence la suivante avec la levure provenant de la cuve précédente.

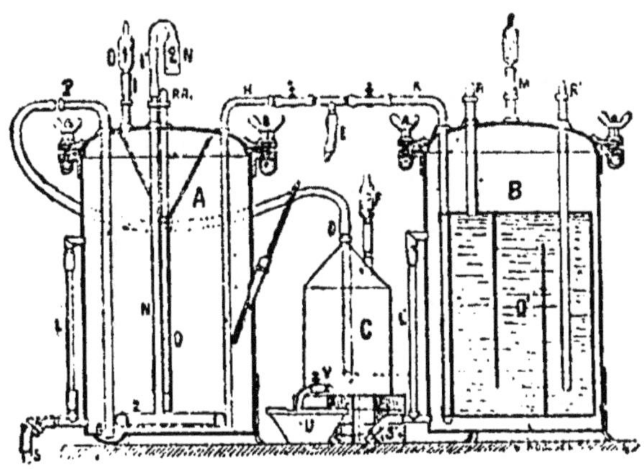

Fig. 10.

L'appareil à deux cuves comprend : un vase producteur A, un vase stérilisateur B, un vase collecteur C.

Les opérations sont conduites comme dans le cas précédent.

69. — ACCLIMATATION ET AMÉLIORATION DES LEVURES PURES.

Les levures pures préparées à l'aide de moûts absolument stériles sont parfois très fragiles quand on les utilise à la fermentation de divers produits contenant infailliblement des bactéries ; il arrive, en effet, que ces levures pures ont une résistance vitale insuffisante. Un pareil inconvénient a pu être évité (**10**).

On a vu que les microbes, en général, s'acclimatent par cultures successives au milieu qui leur est offert, que leurs fonctions vitales s'adaptent peu à peu aux conditions imposées et que les propriétés acquises se transmettent aux cellules nouvelles. Ces données ont été largement mises en pratique.

Les procédés employés pour améliorer les races de levures dans le sens indiqué consistent en cultures dans des moûts spéciaux. particulièrement dans des moûts contenant des doses de plus en plus élevées d'antiseptiques et de produits engendrés par diverses bactéries, comme l'acide butyrique et l'acide lactique. Après une série de dix à douze cultures, les cellules obtenues ont des propriétés de résistance suffisantes ; on les utilise alors pour l'ensemencement des ballons.

D'un autre côté, chaque race de levure donne aux

produits fermentés un goût et un arôme spéciaux à la race, résultant des sous-produits qui se forment ; dans ces conditions on conçoit qu'il est utile de choisir les meilleures races de levures pour la culture, et de les acclimater aux moûts à mettre en fermentation, toujours selon la méthode des cultures successives.

Actuellement on commence à mettre cette idée en pratique. C'est ainsi que l'on provoque la fermentation des moûts de raisins ordinaires, à l'aide de cultures de levures empruntées à de bons crus.

De même, à un point de vue plus général, mais dans le même ordre d'idées, on peut ajouter que dans la fermentation des feuilles de tabac, précédant la fabrication de certains cigares, on a pu obtenir des produits supérieurs, en faisant agir sur du tabac ordinaire des cultures de microbes recueillis sur des espèces plus fines.

En résumé, les avantages qui résultent de l'emploi des levures pures peuvent ainsi s'énoncer :

1° Pouvoir régler et raisonner le travail de fermentation : obtenir dans ces conditions des fermentations plus régulières.

2° Diminution des fermentations bactériennes et, par conséquent, diminution des produits secondaires nuisibles à la finesse du goût.

3° Augmentation de la qualité des produits fermentés par le choix des levures sélectionnées.

4° En ce qui concerne la fabrication du vin, possibilité de stériliser le jus de raisin avant fermentation, pour l'ensemencer ensuite avec des levures pures de choix.

CHAPITRE IV

Fermentations bactériennes accompagnant généralement la fermentation alcoolique

70. — GÉNÉRALITÉS SUR LES FERMENTATIONS BACTÉRIENNES.

Dans un moût en fermentation alcoolique on constate, indépendamment de l'alcool ordinaire et de l'acide carbonique, des produits qui tout en modifiant l'action des levures, rendent les substances fermentées peu propres à la consommation.

Les composés que l'on rencontre généralement sont ceux déjà énumérés : les alcools supérieurs, les acides de la série grasse, l'acide lactique, etc.

Ces produits chimiques résultent du développement des bactéries que l'on désigne généralement dans l'industrie sous le nom de *ferments de maladie.*

Les bactéries, qui nous occupent et dont la nourriture est surtout hydrocarbonée, affectent généralement la forme de petits cylindres de quelques microns de longueur.

Ils appartiennent au genre **bacilles.** Cette forme

en bâtonnet permet de distinguer facilement au microscope les bacilles des levures (**7**).

Ces bactéries se trouvent dans l'eau, dans l'air et, pour mieux dire, dans toutes les parties d'un produit organique ayant été en contact avec l'extérieur.

Si certaines conditions physiques et chimiques se réalisent et si les bactéries trouvent dans une substance la nourriture qui leur convient, c'est-à-dire certains sucres et amidons, il se produit, sous l'influence de leurs diastases, des fermentations que l'on peut désigner sous le nom de *fermentations bactériennes*.

Bien que l'on n'ait pas encore de données précises, on peut cependant dire que, comme les levures, les bactéries sécrètent des diastases de différentes espèces : cette sécrétion est parfois telle, que certaines bactéries peuvent transformer pour ainsi dire directement en alcools et en acides divers les sucres en C^{12} et même l'amidon, cela sans que soient visibles les différents états intermédiaires.

Parmi les bactéries des hydrates de carbone, ne seront citées que les plus étudiées, du reste, les plus utiles à connaître.

On les groupe d'après le produit le plus important en quantité résultant de la dislocation des substances hydrocarbonées. On a ainsi des *bactéries butyriques*, des *bactéries butyliques*, des *bactéries lactiques*, à l'action desquelles correspondent des fermentations bactériennes de même nom.

La Fermentation lactique.

71. — DÉFINITION. LES BACILLES LACTIQUES

On appelle fermentation lactique la transformation d'un sucre en acide lactique sous l'influence d'un microbe qui se développe.

De nombreux microbes provoquent la formation d'acide lactique.

On ne considère, toutefois, comme fermentation lactique que les fermentations dans lesquelles l'équation ci-après est à peu près réalisée :

$$C^6H^{12}O^6 = \frac{2C^4H^6O^3}{\text{acide lactique}}$$

Son importance industrielle est grande, elle prend place à ce point de vue après la fermentation alcoolique.

Le premier ferment lactique bien déterminé fut découvert par Pasteur.

Ce ferment, très répandu dans l'air, se présente au microscope sous forme de très petits bâtonnets légèrement étranglés vers le milieu ($1,5\ \mu \times 3\ \mu$). On connaît d'autres espèces, mais leurs fonctions diffèrent peu (fig. 11).

Comme les levures alcooliques, les bacilles lactiques forment des dépôts. Ils sont à la fois aérobies et anaérobies.

Vers 20 à 25° leur développement commence, entre 37 et 45° ce développement acquiert sa plus forte intensité et continue jusqu'à 50 à 55°, peu d'espèces résistent à 65°.

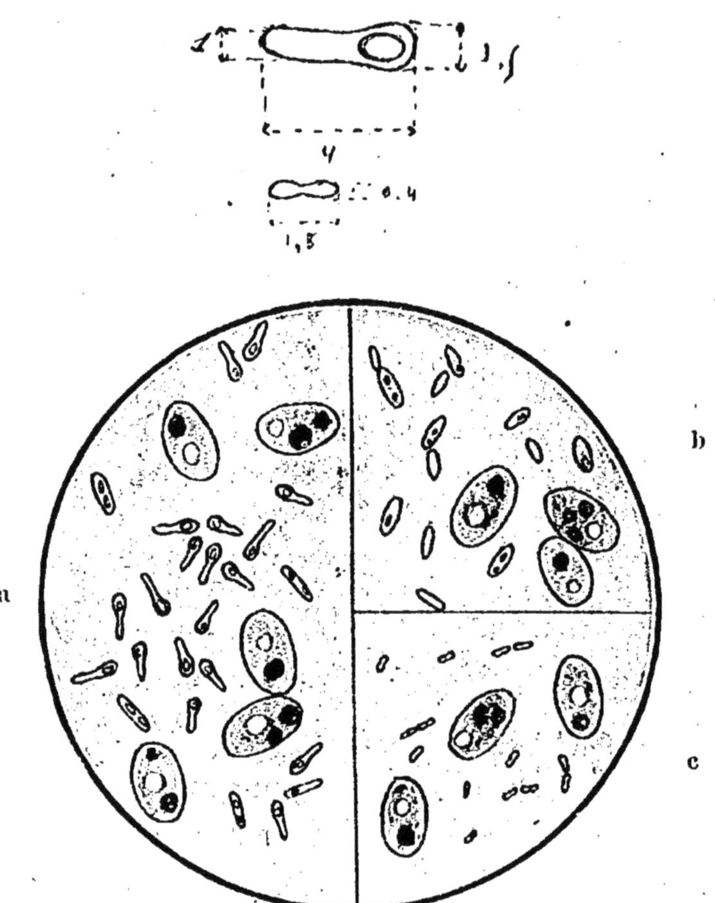

Fig. 11. — *a*. Bacillus orthobutylicus et globules de levures ; *b*. Ferments butyriques de Fitz et globules de levures ; *c*. Bacilles lactiques et globules de levures.

$$\frac{1000}{1}$$

72. — SUBSTANCES DONNANT LIEU A FERMENTATION LACTIQUE

Ces substances sont celles qui peuvent nourrir les ferments lactiques. Tels sont les sucres pouvant se transformer en glucose et autres sucres en C^6. Le lactose ou sucre du lait est celui qui fermente le plus facilement, autrement dit, le lactose est le sucre préféré du bacille lactique, celui-ci n'attaquera un autre sucre que si le lactose a disparu.

Pour cette raison, le lait subit très facilement la fermentation lactique aussitôt que la température atteint 20 à 25° favorable au développement des bacilles. Si la dose d'acide atteint 0,2 p. 100, le lait se coagule par ébullition, le lait *tourne*.

Une dose plus élevée se coagule à froid.

C'est pourquoi dans les crèmeries, par suite de la grande facilité avec laquelle les ferments lactiques se répandent dans l'air, il importe d'éviter les dépôts de lait devenu aigre.

73. — LES LEVURES EN CULTURE AVEC LES BACILLES LACTIQUES

On constate toujours dans un moût en fermentation alcoolique une petite quantité d'acide lactique de fermentation. Ceci est tout naturel, puisque les ferments lactiques se nourrissent des mêmes substances sucrées et qu'il existe un intervalle de température dans lequel les deux espèces de microbes peuvent se développer simultanément. Les levures s'accommodent même facilement avec les ferments lactiques, comme l'observation le confirme ; de plus, on a vu précédemment que si la dose d'acide lactique n'est que de 1 p. 100, l'énergie des levures est plutôt exaltée (**54**).

Par suite, une fermentation lactique modérée avant et après le développement des levures est utile, car non seulement l'acide ainsi formé est favorable aux levures, mais comme on le verra ci-après, parce qu'il possède le pouvoir très important d'arrêter le développement des bactéries butyriques à la dose favorable aux levures (**76**).

Un autre avantage de cette fermentation est de donner aux produits fermentés une saveur aigrelette à laquelle sont habitués les consommateurs, on peut citer comme exemple la fabrication de certaines bières belges très goûtées, la fabrication de la choucroute, celle du pain avec levure de pâte et de bien d'autres produits qui demandent pour la consommation une fermentation lactique.

Il ne faut pas cependant que cette fermentation dépasse certaines limites, on a vu, en effet, que si la dose atteint 2 à 3 p. 100, les levures n'ont plus d'action, la fermentation lactique devient alors une *maladie du moût*, comme le fait se présente souvent en brasserie ; d'un autre côté, la saveur acide peut devenir trop forte et rendre inutilisable le produit fermenté (**54**).

La fermentation butyrique.

74. — DÉFINITION. PRODUITS RÉSULTANT DE L'ACTION DES BACTÉRIES BUTYRIQUES.

La fermentation butyrique a une importance particulière due à la formation des alcools supérieurs et acides gras dont le principal en quantité est l'acide butyrique très nuisible en raison de l'odeur de « beurre rance » communiquée aux moûts, et de l'action active sur les levures.

Cette fermentation présente un caractère beaucoup plus complexe que la fermentation alcoolique, car les produits que l'on y rencontre varient avec la nature des bactéries qui se développent.

Indépendamment de l'*acide butyrique*, de l'*acide carbonique* et de l'*hydrogène* on constate la formation d'*acide acétique*, d'*alcool ordinaire*, *butylique* et *amylique* et d'autres alcools et acides gras mais en plus petite quantité. La variété et le nombre de ces substances, l'époque de leur formation, rend très difficile l'établissement d'une formule générale permettant de traduire les dislocations chimiques : dans ces conditions on détermine chimiquement une fermentation dite *butyrique* en énonçant le nombre de molécules de sucre ayant subi la dislocation et en distinguant dans ce nombre les molécules ayant donné soit de l'acide butyrique, soit de l'acide acétique, soit un alcool.

Le glucose par exemple, peut se décomposer sous l'action d'un ferment butyrique, des diverses façons suivantes :

$$C^6H^{12}O^6 = \underset{\text{alcool butylique}}{C^4H^{10}O} + 2CO^2 + H^2O$$

$$5C^6H^{12}O^6 = 4\ \underset{\text{alcool amylique}}{C^5H^{12}O} + 10CO^2 + 6H^2O$$

$$C^6H^{12}O^6 = 3\ \underset{\text{acide acétique}}{C^2H^4O^2}$$

$$5C^6H^{12}O^6 = 6\ \underset{\text{acide butyrique}}{C^4H^8O^2} + 6CO^2 + 6H^2O$$

75. — LES BACTÉRIES BUTYRIQUES.

Parmi le très grand nombre de ces bacilles, citons les plus étudiés et aussi les plus importants : le bacille amylozyme, le bacille orthobutylicus, l'amylobacter butylicus.

LE BACILLE AMYLOZYME est anaérobie, il a la forme d'un petit bâtonnet arrondi aux extrémités. Il peut donner des spores.

En agissant sur les *sucres*, il provoque la formation de CO^2, d'acide butyrique et d'acide acétique, *pas d'alcools*.

La sécrétion d'amylase lui permet de disloquer activement l'*amidon*, avec lequel il forme de l'*alcool* ordinaire et de *l'alcool amylique* en plus des produits précédents.

LE BACILLE ORTHOBUTYLICUS est également anaérobie ; à l'état jeune on constate un renflement à une extrémité (fig. 11).

Indépendamment des *sucres*, il agit sur *l'amidon* comme le bacille précédent.

Il donne avec tous ces corps, de l'acide carbonique, de *l'alcool butylique*, des *acides gras* : acétique et butyrique.

L'AMYLOBACTER BUTYLICUS est à la fois aérobie et anaérobie ; il peut être considéré, selon les circonstances, soit comme bacille butyrique, soit comme bacille butylique. Si le milieu contient une substance neutralisante, *l'amylobacter* provoque la formation d'une quantité *d'acide butyrique* plus élevée que *d'alcool butylique* ; au contraire si le milieu est acide *l'alcool butylique* domine. Il se forme également dans les deux cas de *l'acide acétique*.

Pour fixer les idées, donnons les chiffres approximatifs suivants relatifs à la fermentation d'une solution à 1 p. 100 de saccharose :

100 grammes de saccharose peuvent donner :

a) Dans le cas du liquide acide :

   2 gr. 5 d'alcool butylique ;

   3 grammes d'acide acétique ;

   7 grammes d'acide butyrique.

b) Dans le cas du liquide neutralisé à la craie :

   6 grammes d'alcool butylique ;

   6 grammes d'acide acétique ;

   35 grammes d'acide butyrique.

76. — INFLUENCE DE LA CHALEUR ET DE L'ACIDITÉ DU MILIEU SUR LE DÉVELOPPEMENT DES BACILLES BUTYRIQUES.

La fermentation butyrique ne se manifeste bien que dans l'intervalle de température 35 à 40°. La plupart des bacilles ne peuvent supporter 50°; les spores supportent une température de 60 à 70° et même 80° L'acide butyrique auquel ces microbes donnent naissance leur est nuisible; quand la dose atteint 0,1 à 0,2 p. 100, le développement des bacilles s'arrête.

D'ailleurs, en général, ceci est très important, les bactéries butyriques ne supportent pas une dose ne dépassant guère 0,3 p. 100 d'un acide quelconque, ils préfèrent des milieux légèrement alcalins. Il convient de signaler particulièrement l'acide fluorhydrique, très employé actuellement en raison de son action marquée sur les bactéries, en particulier sur les bactéries butyriques qui ne peuvent supporter la très faible dose de 0,05 p. 100.

77. — CONCURRENCE VITALE DES LEVURES ET DES BACILLES BUTYRIQUES.

La comparaison des renseignements donnés au sujet des levures et ceux indiqués dans le paragraphe ci-dessus, concernant l'action de la chaleur et de l'acidité, permet de déterminer la concurrence que peuvent se faire ces deux catégories de microbes (**54**).

On rappelle qu'au point de vue du développement des levures, il faut considérer deux catégories d'acides :

1º Les acides défavorables à très faible dose au développement des levures, c'est-à-dire les acides de la série grasse (0,20 à 0,05 p. 100).

2º Les acides dont l'action défavorable ne se fait sentir qu'à une dose relativement élevée (1 à 2 p. 100), notamment les acides lactique, tartrique, etc.

Il suffit alors de comparer la dose maximum de chacun de ces acides que peuvent supporter les levures d'une part, et les bactéries butyriques d'autre part (0,3 p. 100).

En ce qui concerne les acides de la première catégorie et notamment l'acide butyrique, la dose arrêtant le développement des levures est de 0,05 p. 100, celle arrêtant le développement des bactéries est deux à quatre fois plus forte soit 0,10 ou 0,20 p. 100.

D'où il résulte, que si à la faveur de diverses circonstances, les bactéries butyriques peuvent se développer dans un moût concurremment avec les levures, une petite dose d'acide butyrique se formera et les levures souffriront, leur multiplication s'arrêtera si les bactéries arrivent à produire cette dose nuisible de 0,05 p. 100 : à partir de ce moment la fermentation sera exclusivement butyrique.

Au contraire, en ce qui concerne la deuxième

catégorie d'acides organiques ci-dessus visée, les levures supportent une dose plus élevée que les bactéries butyriques ; une acidité ne dépassant guère 0,20 à 0,30 p. 100 arrête l'action de ces bactéries très rapidement, tandis que les levures n'ont leur développement arrêté que si la dose atteint 1 p. 100 d'acide tartrique et 2 p. 100 d'acide lactique. Ceci explique encore pourquoi une fermentation lactique modérée, à 0,5 p. 100 par exemple, est très utile pour assurer la prédominance vitale des levures dans la préparation des levains de distillerie ou de boulangerie (**63**). Ce point de vue théorique donne un moyen pour obtenir une fermentation alcoolique aussi pure que possible. Le mode de préparation des levains de distillerie en a donné un exemple.

Dans cette question de prédominance d'une espèce microbienne sur une autre, il faut tenir compte également, de la température, tandis qu'à partir de 35° l'énergie des levures décroît rapidement, les bactéries butyriques au contraire, se développent avec une activité de plus en plus grande.

D'où la nécessité de surveiller avec soin la température des moûts pour éviter la zone 35 à 40°.

78. — La fermentation mannitique.

Le ferment mannitique est un microbe qui s'attaque aux divers sucres fermentescibles, mais surtout au *fructose* ou *lévulose*, sucre que l'on rencontre mélangé au glucose dans les fruits et notamment dans le jus de raisin.

Ce ferment se présente sous la forme de bacilles très petits, se groupant en amas. Il est à la fois anaérobie et aérobie.

La température la plus favorable à sa culture est 35°. Son développement est arrêté par une dose de 1 p. 100 d'acide tartrique et 1,5 p.100 d'acide lactique.

Dans la dislocation des sucres en C^6 sous l'action de ce bacille, 70 p. 100 des molécules attaquées donnent de la mannite et de l'acide carbonique, les autres molécules se disloquent en acides divers, notamment en acides acétique et lactique.

La formation de la mannite est due à une action hydrolytique :

$$13\ C^6H^{12}O^6 + 6\ H^2O = 12\ C^6H^{14}O^6 + 6\ CO^2$$

fructose   eau   mannite   ac. carbonique

L'acide acétique et l'acide lactique proviennent de l'action des diastases particulières du ferment mannitique :

$$C^6H^{12}O^6 = 3\ C^2H^4O^2$$
ac. acétique

$$C^6H^{12}O^6 = 2\ C^3H^6O^3$$
ac. lactique

Les ferments mannitiques entrent en action dans une fermentation alcoolique lorsque les levures n'agissent plus. Ce fait se présente quand la fermentation alcoolique s'effectue à une température trop élevée approchant 25°, comme dans la fabrication des vins en Algérie.

On sait, en effet, qu'à 35° l'énergie des levures diminue rapidement ; la substitution de la fermentation mannitique à la fermentation alcoolique est donc toute naturelle, puisqu'à cette température le ferment qui nous occupe a toute sa puissance (**53**).

Les inconvénients de cette maladie survenant dans un moût en fermentation sont mis en évidence par les produits résultant des dislocations données par les formules ci-dessus ; on voit qu'indépendamment de la perte du grand nombre de molécules de sucre employées à la formation de la mannite, alcool de saveur sucrée, il se forme une assez forte proportion d'acides acétique et lactique ; par suite le vin est faible en alcool et possède une saveur aigre douce.

En outre, la mannite formée à une époque où les bactéries se développent facilement est elle-même attaquée peu de temps après sa formation ; elle donne naissance par dislocation à de nouvelles quantités d'acides gras, tels que l'acide acétique et l'acide formique, selon l'équation :

$$3 \underset{\text{mannite}}{C^6H^{14}O^6} + H^2O = \underset{\text{acide acétique}}{C^2H^4O^2} + 5 \underset{\text{alcool ordinaire}}{C^2H^6O}$$

$$+ \underset{\text{acide formique}}{CH^2O^2} + 5CO^2 + 4H^2$$

Parfois même la mannite peut, sous l'action oxydante des microbes aérobies, se transformer en levulose ;

$$C^6H^{14}O^6 + O = C^6H^{12}O^6 + H^2O$$
$$\underline{\text{mannite}} \qquad \underline{\text{levulose}}$$

lequel sucre en C^6, très fragile, se trouvant dans un milieu où les levures n'agissent plus, peut subir ensuite les fermentations bactériennes déjà signalées.

Pour éviter une fermentation mannitique, il faudra de même que pour les fermentations butyriques, veiller à ce que la température n'atteigne pas la zone 30-35°, donner au moût un certain degré d'acidité en acide tartrique, lequel sans trop modifier la saveur des produits fermentés est assez nuisible aux bacilles mannitiques.

Les fermentations par oxydations.

79. — DÉFINITION. LES BACTÉRIES OXYDANTES.

Les produits résiduels des fermentations peuvent s'oxyder sous l'influence de certains microbes.

Ce phénomène d'oxydation est un terme intermédiaire dans la transformation continue de la matière, qui tend vers des éléments de plus en plus simples tels que : CO^2 et H^2O.

La plus importante des oxydations au point de vue des conséquences industrielles est celle qui s'attaque à l'alcool des liquides fermentés.

Ce phénomène provient de l'acte vital des microbes aérobies brûlant à l'aide de l'oxygène, l'alcool qui, pour eux, est la substance alimentaire (13).

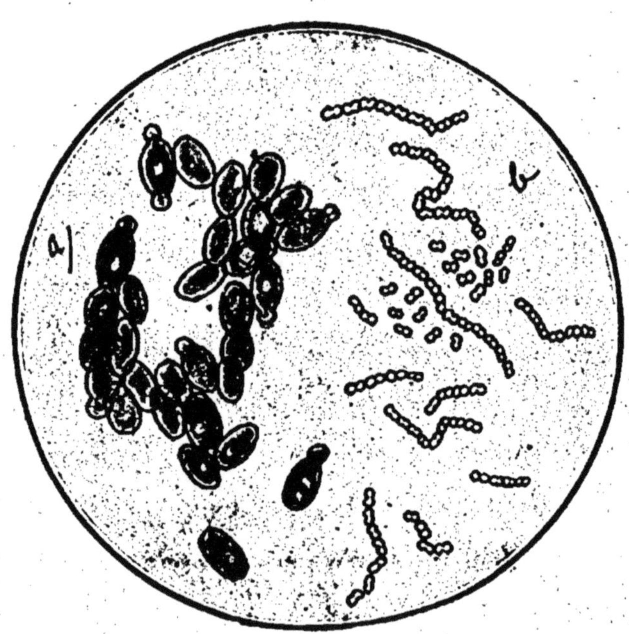

Fig. 12. — *a*. Mycoderma vini, cellules ovoïdes de 6 à 7 μ, granulations nombreuses, une ou deux vacuoles, bourgeonnement aux extrémités, groupement en pellicules.

b. Mycoderma aceti, cellules de 3 μ sur 1 μ; 5, cellules étranglées au milieu groupées en chapelet.

Pasteur, dans ses études sur le vin et la bière, a établi que cette oxydation des liquides alcooliques était toujours due à une pareille cause ; d'ailleurs, en général, il a montré combien sont peu oxydables les matières organiques, quand les microbes en sont absents.

On connaît un grand nombre d'agents oxydants, tels sont : le *Bactérium acéti de Hansen*, le *Bactérium oxydant* des bières à fermentation basse, le *mycoderma acéti* et le *mycoderma vini*, ces deux derniers sont les plus importants.

80. — LE MYCODERMA ACÉTI

Le mycoderma acéti est le microbe que l'on rencontre dans la fabrication du vinaigre, quel que soit le procédé employé.

Il est essentiellement aérobie, il se développe à la surface des liquides alcooliques en formant de minces pellicules dues à l'enchevêtrement de petits chapelets de cellules étranglées au milieu. Sa multiplication est extrêmement rapide (fig. 12).

Les milieux acides lui conviennent bien.

La température la plus favorable à son développement est 20°.

L'alcool ordinaire, sous l'action oxydante, se transforme en acide acétique :

$$C^4H^6O + O^2 = \underline{C^2H^4O^2} + H^2O$$
$$\text{ac. acétique}$$

Si l'alcool vient à être transformé complètement, le mycoderme acéti, privé d'alcool, s'attaque alors à l'acide acétique, qu'il brûle et transforme en CO_2 et en eau ; c'est pour cette raison que dans la fabrication du vinaigre il faut arrêter l'acidification avant que l'alcool soit complètement épuisé (**13**).

81. — LE MYCODERMA VINI

Le mycoderma vini, appelé encore *saccharomyces mycoderme* et *fleur de vin*, est à la fois aérobie et anaérobie, sa reproduction est également puissante. Il se présente sous la forme de cellules ovales de 4 à 6 µ de longueur. La température la plus favorable à sa vitalité est comprise entre 10 et 20°. En vie anaérobie il se développe sur la surface des liquides qu'il recouvre de pellicules blanches (fig. 12).

Les milieux acides ne lui conviennent pas.

Ce mycoderme, comme le précédent, oxyde l'alcool ordinaire, mais avec cette différence importante qu'il pousse à terme la combustion, sans arrêt dans la forme intermédiaire, c'est-à-dire que l'oxydation donne immédiatement la formule : .

$$C^2H^6O + O^6 = 2CO^2 + 3H^2O$$

Il résulte de cette oxydation une perte d'alcool très sensible.

Quand il agit comme anaérobie dans un milieu sucré, il provoque une fermentation alcoolique comme une levure.

82. — CONCURRENCE VITALE DES DEUX MYCODERMES DANS LA FABRICATION DU VINAIGRE ET DES BOISSONS ALCOOLIQUES.

De même que dans le cas précédemment étudié, la question de l'acidité est encore ici primordiale.

Le plus souvent, les deux mycodermes commencent à se développer ensemble sur la surface d'un liquide alcoolique.

Si le milieu est peu acide, le mycoderma vini se développe presque seul, mais aussitôt que le degré d'acidité approche de 1,5 p. 100, le mycoderma acéti se développe de plus en plus vigoureusement ; à 2 p. 100, le mycoderma vini ne peut plus se développer ; à partir de ce moment, l'alcool se transforme en acide acétique. C'est pour faire prédominer immédiatement le mycoderma acéti que les vinaigriers acidifient le vin dès le début en ajoutant un dixième de vinaigre, pour éviter une perte d'alcool due au développement du mycoderma vini.

Les Fermentations visqueuses.

80. — Il arrive parfois que des liquides ou produits sucrés deviennent filants, huileux, pendant ou après une fermentation alcoolique, comme le fait se présente dans le jus de betterave, le vin, surtout le vin

blanc, le cidre, la bière et même parfois dans le pain.

Cet état est provoqué par divers microbes qui se développent aux dépens du sucre et transforment celui-ci en une matière glaireuse, laquelle forme parfois des gaines aux colonies de microbes ou bien se dissout dans le liquide.

Cette substance est assez mal définie au point de vue chimique. On lui a donné différents noms : *gomme, viscose, dextrane.* Il semble qu'elle possède même composition moléculaire que les matières amylacées et cellulosiques $(C^6H^{10}O^5)^n$; d'autre part divers caractères chimiques la rapprochent de la fécule et de la cellulose.

De nombreux microbes ont été reconnus comme pouvant provoquer une telle fermentation, certains ont la forme du bacille, d'autres se présentent sous celle de micrococques (0,5 μ) assemblés en chaînette, avec ou sans gaine gélatineuse ; parmi les espèces le plus étudiées, citons : le *bacillus sacchari,* le B *gélatinosum betæ,* le *bacterium gummosum,* le *micrococcus gummosus* des jus visqueux de sucrerie, le *bacillus viscosus* de la bière, le *bacillus viscosus vini* et le *streptococcus* des vins blancs et du cidre, etc.

Ils attaquent la plupart des sucres déjà rencontrés : saccharose, maltose, levulose, glucose ; certains transforment plus facilement le saccharose et le glucose ; d'autres préfèrent le lévulose.

Indépendamment de la *matière gommeuse,* il se forme, pendant la transformation du sucre, de la *mannite* et de l'*acide carbonique*, dans les conditions de l'équation :

$$25\,[C^{12}H^{22}O^{11}] + 25H^2O = 24\,[C^6H^{10}O^5] + 24\,[C^6H^{14}O^6]$$
$$\underbrace{\hspace{3cm}}_{\text{sucre}} \qquad \underbrace{\hspace{2cm}}_{\text{gomme}} \qquad \underbrace{\hspace{2cm}}_{\text{mannite}}$$
$$+ 12CO^2 + 12H^2O$$

C'est-à-dire, pour 100 de sucre : 51,09 de gomme ou dextrane et 45,5 de mannite.

Il se forme également de l'*acide lactique*, un peu d'*acide gras*.

La température la plus favorable au développement de ces microbes est comprise, suivant l'espèce, dans la zone 20-30°.

Certains sont tués à 30°, le plus grand nombre à 35°, quelques-uns résistent à 45 et même 50°.

Les moyens propres à éviter les fermentations visqueuses sont mal définis. On a proposé l'emploi du tannin, notamment pour éviter pareille maladie dans les vins blancs, qui deviennent facilement visqueux. La *pasteurisation* peut rendre d'utiles services.

Puisque cette maladie est d'origine microbienne, il est nécessaire, lorsqu'un moût devient gras ou huileux, de nettoyer, à l'aide d'antiseptiques, les cuves de fermentation, faute de cette précaution, il ne faudra pas être étonné de voir les microbes se développer dans les fermentations ultérieures.

QUATRIÈME PARTIE

FERMENTATIONS DES MATIÈRES AZOTÉES

CHAPITRE PREMIER

Chimie des matières azotées fermentescibles.

84. — Les fermentations des matières azotées n'ont pas un caractère théorique aussi bien défini que les fermentations précédentes sur les hydrates de carbone.

Pour rester dans des limites assez restreintes, on exposera la question de façon à pouvoir répondre aux divers points suivants :

Quels sont les dislocations chimiques qui se réalisent dans les substances en conservation ?

Quels sont les produits toxiques qui se forment ?

À quelles époques les divers phénomènes de transformation ont-ils lieu ?

Quels sont les indices qui les révèlent ?

Recherche des conditions favorables à la conservation des produits alimentaires.

8. — COMPOSITION GÉNÉRALE DES SUBSTANCES ORGANIQUES.

Les produits d'origine végétale ou animale sont composés en grande partie des trois groupes de substances suivantes :

1° *Les matières azotées albuminoïdes* formant la partie essentielle de la matière vivante :

2° *Les matières azotées non albuminoïdes,* parmi lesquelles les parties les plus résistantes de l'organisme animal, comme les tissus osseux, cartilagineux. etc.... ainsi que tous les produits dérivant des matières albuminoïdes par oxydation, hydratation ou déshydratation.

3° *Les matières ternaires non azotées,* combinaisons de carbone. d'hydrogène et d'oxygène. au premier rang les matières hydrocarbonées et les corps gras. Ces corps entrent largement dans la constitution des végétaux ; dans l'organisme animal ils sont surtout utilisés comme source de chaleur.

Les autres matières composantes n'ont qu'un rôle secondaire au point de vue qui nous occupe.

Ces composés chimiques constitutifs des végétaux et animaux, les corps gras cependant mis à part. sont fort instables au point de vue moléculaire instabilité qui s'explique par le fait qu'au sein des tissus vivants, la matière est soumise à un perpétuel mouvement de combinaison et de décombinaison: ses éléments vont et viennent, s'agrègent, se désagrègent pour assurer le renouvellement incessant de la trame des tissus.

C'est pourquoi, en raison de cette mobilité atomique, les matières alimentaires offrent un terrain de développement si facile aux nombreuses flores microbiennes ; c'est pourquoi aussi le problème de leur conservation est si délicat.

Les fermentations des hydrates de carbone vont encore intervenir ; leur rôle assez, important en ce qui concerne les matières végétales en conservation, est au contraire plus effacé quand il s'agit de substances animales. Dans celles-ci, toute la question est absorbée par les fermentations des matières albuminoïdes, dont l'ensemble des différentes phases est généralement appelé *fermentation putride*.

86. — LES DIVERSES MATIÈRES ALBUMINOÏDES.

Les matières albuminoïdes sont des composés complexes dont les relations chimiques sont jusqu'ici restées assez mal définies. Par leurs caractères communs elles se groupent autour d'une substance bien connue, *l'albumine* du blanc d'œuf.

Ces matières sont coagulables par la chaleur ainsi que par certains acides et sels métalliques, par l'alcool, le tannin, etc., elles présentent le caractère important au point de vue des fermentations de ne pas diffuser à travers les membranes parcheminées.

Les matières albuminoïdes comprennent :

A) *Les albuminoïdes non coagulées* : l'albumine de

l'œuf, la sérum-albumine du sang, du chyle ; la phytoalbumine végétale ; celles-ci solubles dans l'eau.

La globuline de l'œil, la métaglobuline et la paraglobuline du sang, la phytoglobuline végétale, celles-ci non solubles dans l'eau.

Les albuminoïdes non coagulées sont coagulables vers 70-75°.

B) *Les albuminoïdes coagulées insolubles dans l'eau :* la fibrine du sang ; la phytomyosine végétale du gluten, celle-ci est soluble dans l'eau salée à 10 p. 100, elle s'y coagule à nouveau vers 56°.

La syntonine, la légumine des plantes.

C) *Les albuminoïdes complexes :* la caséine du lait, insoluble dans l'eau pure ou salée, précipitable par les acides ; elle se coagule sous l'action d'une diastase particulière (fabrication des fromages) ; les diastases, l'hémoglobine du sang. etc...

87. — CONSTITUTION MOLÉCULAIRE. DÉDOUBLEMENT HYDROLYTIQUE.

La composition centésimale des matières albuminoïdes varie peu d'une substance à l'autre ; en général, elle est comprise dans les chiffres approximatifs suivants : C : 50 à 74 p. 100 ; H : 6 à 7 p. 100 ; Az : 15 à 17 p. 100 ; O : 23 à 24 p. 100 ; S : 1 à 2 p. 100.

Quant à leur constitution moléculaire, les travaux de Schützemberger permettent d'obtenir une idée générale sur les divers composants.

La méthode employée et les résultats obtenus par ce savant sont utiles à connaître, car non seulement ils donnent des indications sur les produits que l'on rencontre dans les fermentations, mais encore on verra comment doivent se succéder les différentes phases des multiples dédoublements. En effet, Schützemberger a employé pour obtenir la dislocation des matières albuminoïdes, l'*action hydrolytique* de l'hydrate de baryum à températures variées.

Or, nous verrons plus loin que la fermentation putride procède également par *hydrolyse*, qu'elle provoque la formation des mêmes corps et que ces corps se forment à des époques correspondantes.

Des expériences dont il s'agit, il résulterait que la molécule albuminoïde comprend *deux parties assez distinctes*, la première partie (A), 4 à 5 p. 100, peu stable, est formée de quelques molécules :

d'urée.	d'oxamide,	et de Taurine.
$\overline{CO(AzH^2)^2}$	$\overline{C^2O^2(AzH^2)^2}$	$\overline{C^2H^7AzSO^3}$

Par hydrolyse ces molécules se dédoublent et fournissent : $\overline{AzH^3}$, $\overline{CO^2}$, $\overline{SO^2}$, et de l'acide acétique.

· La deuxième partie (B), beaucoup plus importante, 90 à 95 p. 100, également plus résistante, est constituée par des corps incolores, de saveur sucrée, appelés *glucoprotéines* dont la formule générale est : $C^nH^{2p}Az^2O^1$. Par hydrolyse des glucoprotéines on obtient :

a) 20 à 25 p. 100 d'acides amidés bibasiques de la série grasse ($C^nH^{2n-1}AzO^4$) : acide aspartique (n = 4), acide glutamnique (n = 5) *b*) 60 à 65 p. 100 d'acides amidés monobasiques de la série grasse ($C^nH^{2n+1}AzO^2$) : acide amido-acétique ou *glycocolle* (n = 2) ; acide amido-proprionique (n = 3), acide amido-butyrique (n = 4) acide amido-valérique (n = 5) ; acide amido-caproïque ou *leucine* (n = 6) ; et d'aldéhydes d'acides amidés bibasiques de la même série ($C^mH^{2m-1}AzO^2$) : *les leucéines* en C^4 et en C^5.

c) 2 à 3 p. 100 d'un acide amidé aromatique : la *tyrosine* ($C^9H^{13}AzO^3$).

d) Différents acides et autres corps azotés en plus petites quantités.

Ici s'arrête l'action hydrolytique expérimentale de l'hydrate de baryum ; dans les fermentations la dislocation continue en procédant par hydrolyse et réduction jusqu'à disparition totale de la matière albuminoïde.

Quoi qu'il en soit de cette complexité moléculaire, l'énumération ci-dessus des corps dérivés, expliquera suffisamment la source des produits résiduels de la fermentation putride. dont il sera question dans les chapitres suivants.

CHAPITRE II

Les fermentations des matières azotées au point de vue biologique.

88. — NUTRITION DES MICROBES DES MATIÈRES AZOTÉES.

Une substance organique ne peut entrer en fermentation que sous l'influence des diastases secrétées par les microbes, ce qui revient à dire, connaissant le but des diastases, qu'une fermentation est la conséquence de l'acte de nutrition des microbes, lesquels puisent leurs aliments parmi certaines substances azotées ou non azotées qu'ils trouvent à leur disposition.

Ils s'assimilent directement les aliments, si ceux-ci sont pour eux immédiatement alimentaires, sinon ils en forment, en faisant agir leurs diastases, sur les matières non immédiatement alimentaires.

Les plus importantes transformations que subit la matière albuminoïde dans l'acte nutritif des microbes sont : *la peptonisation* et la *dégradation successive par hydrolyse*.

On sait ce qu'on entend par *dédoublement hydrolytique*, quant à la *peptonisation* voici en quoi elle consiste.

89. — PEPTONISATION DES ALBUMINOIDES.
LES PEPTONES.

Certains microbes se contentent, comme source d'azote, de composés ammoniacaux provenant d'une action microbienne antérieure. D'autres recherchent leur nourriture azotée parmi les matières albuminoïdes. Ces substances, dans leur état naturel, ne sont pas immédiatement fermentescibles (**12**). Dans ce cas, pour les absorber les microbes doivent au préalable les transformer à l'aide de certaines diastases indiquées ci-après, en produits facilement solubles, non coagulables par la chaleur, très difficilement précipitables, possédant la propriété de diffuser rapidement à travers les membranes. produits aussi mal définis que le sont les dextrines, et, auxquels on donne le nom général de *peptones*.

Les peptones se distinguent non seulement par la substance albuminoïde qui leur a donné naissance : fibrine peptone, albumine peptone, etc..., mais encore selon leur état intermédiaire entre la molécule albuminoïde et leur forme finale : parapeptone, albuminoses de premier et deuxième rang, amphipeptone, antipeptone, etc.

Ce n'est qu'après cette peptonisation que les molécules subissent toutes les autres transformations.

La fermentation putride proprement dite en sera donc toujours précédée.

La *liquéfaction de la gélatine des conserves de*

viande avariées ou sur le point de l'être est le résultat d'une peptonisation.

Toutefois cette liquéfaction ne doit pas toujours être considérée comme l'indice d'une fermentation putride, car certaines gélatines qui ne sont pas de très bonne qualité peuvent perdre le pouvoir de se prendre en gelée, à la température normale, quand elles ont été soumises à des températures élevées dépassant 115°. La gélatine liquide doit alors présenter les réactions caractéristiques des albuminoïdes non peptonisées qu'elle contient.

On reconnaît les peptones à la belle coloration rose violacé que prend leur solution, quand on y verse quelques gouttes de sulfate de cuivre très étendu et de lessive de soude.

En outre, les peptones ne sont plus précipitées par le sulfate de magnésie ou le sulfate d'ammoniaque en poudre, lesquels, au contraire, précipitent les matières albuminoïdes.

90. — DIASTASES PEPTONISANTES ET HYDROLYSANTES.

Les diastases peptonisantes les plus importantes sont : la *pepsine* et la *trypsine* ou diastases très voisines.

Les diastases du genre *pepsine* attaquent surtout l'albumine et la fibrine, elles ne transforment ces produits albuminoïdes en peptones qu'en milieu acide ; les diastases de ce genre sont plutôt sécrétées par les cellules animales et végétales que par les microbes.

La *trypsine* ou diastases du même groupe, agissent sur la molécule albuminoïde, comme la pepsine, qu'elles accompagnent généralement, mais avec cette différence qu'elles peptonisent en milieu alcalin et qu'elles poussent la dégradation des albuminoïdes à un point plus avancé que le terme « peptone », en provoquant par hydrolyse la formation d'acides amidés : la leucine et la tyrosine.

La trypsine est sécrétée par les microbes en plus grande quantité que la pepsine.

Les dislocations des diastases des genres « pepsine » et « trypsine » peuvent ainsi être représentées :

a) *Action de la pepsine* :

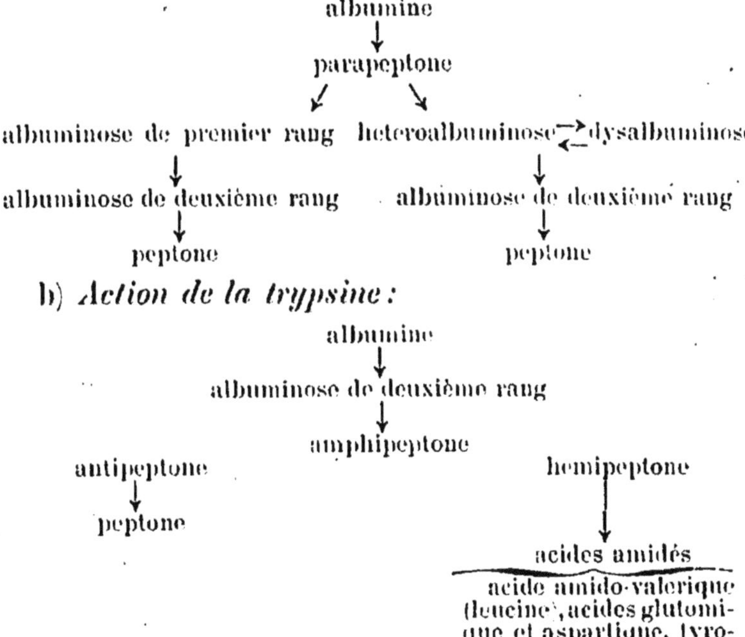

b) *Action de la trypsine* :

Citons également l'*crepsine*, diastase qui agit sur les peptones par hydrolyse comme la trypsine en provoquant la formation d'acides amidés.

Il doit exister un très grand nombre de diastases hydrolysantes des matières azotées. Elle sont peu connues jusqu'ici. Elles agissent comme les diastases de cet ordre déjà rencontrées, c'est-à-dire, en disloquant un corps complexe par l'interposition d'une ou plusieurs molécules d'eau, comme, par exemple, l'*uréase* agissant sur un corps azoté, l'urée, qu'elle transforme par hydrolyse en carbonate d'ammonium :

$$\underset{\text{urée}}{CO(AzH^2)^2} + 2H^2O = \underset{\text{carb. d'ammonium.}}{(AzH^4)^2CO^3}$$

51. — PRODUITS RÉSULTANT DE L'ACTE VITAL DES MICROBES DES MATIÈRES AZOTÉES.

Dans l'étude des fermentations des matières azotées il convient d'examiner de plus près les produits de sécrétion et de désassimilation résultant de l'acte vital des microbes, produits qui prennent ici une importance plus grande, quand on envisage la conservation des denrées :

a) **Sécrétions toxiques.** Certains microbes des matières azotées secrètent, indépendamment des diastases ordinaires, des substances très toxiques appelées *toxines* ou encore *diastases toxiques*. Ces substances très actives agissent sur la matière vivante et la modifient profondément.

L'analogie des propriétés des toxines et des diastases est très grande, de même que pour les diastases on constate :

1° Qu'une quantité infinitésimale de toxine peut exercer un effet considérable sur une quantité relativement très grande de matière vivante et cela à la façon des albumotoxines des venins ;

2° Que les toxines perdent leur pouvoir après avoir été soumises à une température variant de 70 à 80°.

La stérilisation des conserves doit donc supprimer l'action des toxines qui pourraient provenir d'une végétation microbienne antérieure à la fabrication.

b) **Produits de désassimilation.** *Les Ptomaïnes.* Parmi les combinaisons chimiques qui résultent de l'action des diastases, on rencontre des produits de transformation et d'excrétion que l'on peut grouper en :

1° *Produits fixes et volatils non toxiques*, ou toxiques à une dose assez élevée ; citons les acides gras déjà rencontrés, l'acide carbonique, les alcools correspondants aux acides gras, l'ammoniaque, certains composés ammoniacaux, de nombreux acides amidés, etc.

2° *Produits éminemment toxiques :* les **ptomaïnes**, substances azotées, à caractères fortement basiques, riches en hydrogène très pauvres en oxygène, fortement alcalines, très voisines, quant à leur action, des alcaloïdes végétaux. Leur odeur est parfois pénétrante et tenace et rappelle celle de l'aubépine ou du seringa. *Les ptomaïnes ne se forment que pendant l'acte anaérobie des microbes,* et notamment quand agissent certains microbes, comme le *proteus vulgaris,* le *b. enteridis,* espèces dont on constate la présence dans la putréfaction de la viande.

Parmi les ptomaïnes les plus importantes que l'on rencontre dans les fermentations putrides, on peut citer :

La *choline,* $C^5H^{15}AzO^2$, qui se forme également dans le jaune d'œuf pourri, dans les champignons vénéneux ; c'est une base très vénéneuse dont un décigramme suffit pour tuer un lapin.

La *névrine,* $C^5H^{13}AzO$, diffère de la précédente par une molécule d'eau en moins ; elle est deux fois plus toxique que la choline.

La *muscarine,* $C^5H^{15}AzO^3$, se forme par oxydation de la choline. Elle est très vénéneuse, on la rencontre dans les champignons vénéneux et notamment dans la fausse orange.

La *mytylotoxine,* $C^6H^{15}AzO^2$, extrêmement violente, quelques traces peuvent tuer un homme.

La *collidine,* $C^8H^{11}Az$: l'*hydrocollidine,* $C^8H^{13}Az$; la *parvoline,* $C^9H^{13}Az$, sont des ptomaïnes, non oxygénées également très vénéneuses.

Certaines bases ayant les caractères chimiques des ptomaïnes et que l'on rencontre dans les produits en putréfaction ne sont pas vénéneuses, comme la *saprine,* la *neuridine,* etc...

Les *ptomaïnes* donnent sous l'action de l'acide sulfurique très concentré ou mélangé d'acide chlorhydrique des sels rouge violacé, lesquels deviennent brun résineux en présence d'un excès d'acide minéral.

CHAPITRE III

La fermentation putride.

92. — MICROBES AGENTS DE LA PUTRÉFACTION.

Parmi ces microbes dont le nombre est naturellement considérable, on rencontre des espèces aérobies et anaérobies, saprophytes (1) et pathogènes (2). Plusieurs espèces déjà rencontrées agissent au début sur la matière sucrée et amylacée en provoquant la formation d'acide lactique, d'acide butyrique et autres produits déjà énumérés.

De même que pour les levures, dont la fonction aérobie prime la fonction anaérobie, on verra ici les microbes essentiellement anaérobies des matières azotées attendre que, dans leur rayon d'action, les microbes aérobies aient utilisé presque complètement l'oxygène.

Dans l'ordre de leur action on peut citer les microbes aérobies suivants :

(1) Microbes saprophytes : vivant à l'aide de matériaux inertes, sans action sur l'organisme des animaux.
(2) Microbes pathogènes : vivant aux dépens de la matière vivante, déterminant des troubles dans les organes des animaux.

Le bacillus subtilis ou *bacille du foin* dont les spores ont une résistance très grande à la chaleur (120 et 130°).

Le bacillus mesentericus vulgatus ou bacille commun de la pomme de terre, il attaque facilement les sucres, il ne résiste pas à une température de 100°.

Le *bacterium thermo* très abondant dans les eaux stagnantes et corrompues.

Les *bacillus fluorescens liquefaciens*, *putridus* et *vialacéus* donnant tous trois une fluorescéine verte (1).

Viennent ensuite de nombreux microbes anaérobies accompagnant les *proteus vulgaris* et *mirabilis* et le *bacillus enteridis* dont l'apparition coïncide avec le maximum de toxicité par suite de la formation des *ptomaïnes* (**91**). Beaucoup de ces microbes ne résistent pas à une température de 70°.

93. — DÉGRADATION DES MATIÈRES ORGANIQUES HYDROCARBONÉES, GRASSES ET AZOTÉES.

Le point le plus important de la fermentation putride est la dislocation de la molécule albuminoïde après peptonisation (**89**) ; dans cet état les différentes molécules se dédoublent et les noyaux multiples qui résultent des dédoublements se dissèquent à leur tour *en procédant par hydrolyse*.

Ce phénomène est, en somme, semblable aux

(1) Le *bacillus fluorescens violaceus* donne une coloration violette que l'ammoniaque fait virer au vert.

transformations successives d'un hydrate de carbone ; on se rappelle en effet, qu'après liquéfaction préalable, l'amidon est transformé en un sucre à 12 atomes de carbone, puis en un sucre moins compliqué, lequel donne de l'alçool et de l'acide carbonique ; que l'alcool peut à son tour subir des transformations et être ramené à des termes plus élémentaires : il peut s'oxyder et se transformer en quelques molécules d'acide carbonique et d'eau (**81**). Ici encore dans la putréfaction on trouve de même une succession de petits ouvriers qui transforment la matière azotée complexe, en termes de plus en plus simples, pour la faire finalement aboutir à la formation d'un certain nombre de molécules d'eau, d'acide carbonique et d'ammoniaque, à moins que des produits intermédiaires, tels que les ammoniaques composés, subissant l'action de microbes particuliers, par exemple, de l'espèce dite « nitrifiante », passent à l'état de nitrates qu'utilisent en grande quantité les végétaux supérieurs.

Quant *aux matières grasses* qui accompagnent les substances ternaires et quaternaires dans les produits d'origine végétale et animale, elles sont plus résistantes aux agents destructeurs.

Les transformations qu'elles subissent, toujours très lentes, sont assurées, soit par fixation d'oxygène, qui provoque la formation d'acide gras, en particulier d'acides formique et butyrique, soit par l'*action saponifiante* d'une diastase particulière : la *lipase*, qui dédouble les matières grasses en glycérine et en acides gras.

Dans un produit en fermentation putride cette saponification est fortement favorisée par la présence de l'ammoniaque qui résulte de la dislocation des matières azotées.

94. — STADES DE LA FERMENTATION PUTRIDE.

En rassemblant ce qui a été dit au sujet de la fermentation putride, on peut indiquer ainsi qu'il suit l'ordre dans lequel se succèdent les différentes phases du phénomène jusqu'à formation de produits toxiques.

1re PHASE. ACIDITÉ, *destruction des matières ternaires*.

Les hydrates de carbone, le sucre l'amidon... etc., contenus dans les tissus des animaux et végétaux, moins stables que toutes autres matières, se disloquent immédiatement, ils donnent lieu, par décomposition, à une production d'hydrogène, d'acides carbonique, lactique, acétique, butyrique, sous l'action des bactéries butyriques et lactiques, ou sous l'action d'autres espèces dans leur nourriture hydrocarbonée. L'acide butyrique domine. La réaction du milieu est acide (**71** à **77**).

2e PHASE : *Action des diastases peptonisantes*.

Cette deuxième phase est un travail préparatoire à la nutrition des microbes des matières azotées ; sous l'action de diverses diastases particulières les matières albuminoïdes se peptonisent.

Cette peptonisation commence dès que l'acidité du

milieu atteint un degré voulu ; elle continue pendant toute la durée de la période acide sous l'action des diastases du genre *pepsine* et pendant la période alcaline sous l'action de la *trypsine* ou diastases analogues.

Après peptonisation, la molécule albuminoïde se dédouble en deux parties principales dont l'une (A) groupe (*urée, oxamide, taurine*), est instable, et l'autre (B), groupe des *glucoprotéïnes*, est plus résistant.

3ᵉ PHASE. *Transformation de la partie (A),* ALCALINITÉ, *début de la fermentation putride.*

Sous l'action des diastases hydrolysantes, la partie (A) se disloque dès les premiers jours, en donnant un dégagement d'abord rapide puis lent de CO^2 et d'hydrogène, il se forme en outre quelques traces d'acide sulfhydrique et d'hydrogène phosphoré.

En même temps on constate un dégagement d'ammoniaque (AzH^3) qui devient de plus en plus abondant et qui rend finalement le milieu alcalin, ce dégagement provient de la dislocation du groupement uréique en CO^2 et AzH^3, sous l'action hydrolysante de diastases semblables à l'*uréase* (1).

Apparaissent ensuite une fluorescence verte, quelques produits à odeur repoussante, comme les mercaptans. dérivés sulfurés des alcools : sulfhydrate de méthyle, sulfhydrate d'éthyle.

La liquéfaction de la gélatine est complète.

---

(1) $COAz^2H^4 + 2H^2O = (AzH^4)^2CO^3 = CO^2 + 2AzH^3 + H^2O.$

QUATRIÈME PHASE. *Transformation de la partie (B).*
FERMENTATION PUTRIDE AVANCÉE

La partie (B) où les glucoprotéines dominent est la plus résistante. De sa lente dislocation dérivent des acides amidés comme la *leucine* et ses homologues, également des *leucéines* (1), différents acides azotés assez complexes, des ammoniaques composés, etc.

(1) Le mécanisme des transformations du début de la quatrième phase peut être figuré par les équations ci-après, dans lesquelles on reconnait la formation abondante d'ammoniaque par dislocation des corps intermédiaires :

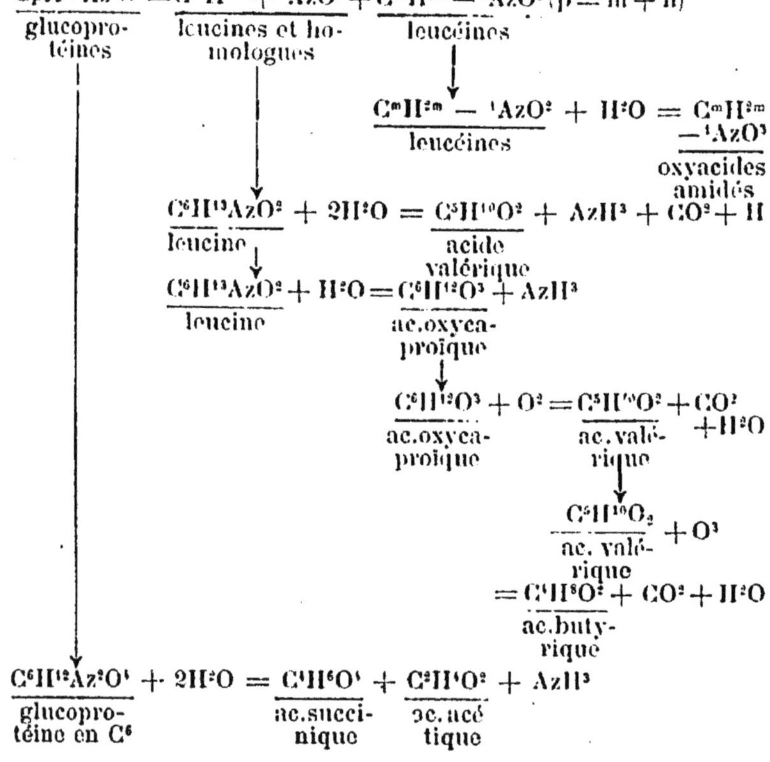

$$\underset{\text{glucoprotéines}}{C_pH^{2p}Az^2O^4} = \underset{\text{leucines et homologues}}{C^nH^{2n} + {}^4AzO^2} + \underset{\text{leucéines}}{C^mH^{2m} - {}^4AzO^2} \quad (p = m + n)$$

$$\underset{\text{leucéines}}{C^mH^{2m} - {}^4AzO^2} + H^2O = \underset{\text{oxyacides amidés}}{C^mH^{2m} - {}^4AzO^3}$$

$$\underset{\text{leucine}}{C^6H^{13}AzO^2} + 2H^2O = \underset{\text{acide valérique}}{C^5H^{10}O^2} + AzH^3 + CO^2 + H$$

$$\underset{\text{leucine}}{C^6H^{13}AzO^2} + H^2O = \underset{\text{ac. oxycaproïque}}{C^6H^{12}O^3} + AzH^3$$

$$\underset{\text{ac. oxycaproïque}}{C^6H^{12}O^3} + O^2 = \underset{\text{ac. valérique}}{C^5H^{10}O^2} + CO^2 + H^2O$$

$$\underset{\text{ac. valérique}}{C^5H^{10}O_2} + O^3 = \underset{\text{ac. butyrique}}{C^4H^8O^2} + CO^2 + H^2O$$

$$\underset{\text{glucoprotéine en } C^6}{C^6H^{12}Az^2O^4} + 2H^2O = \underset{\text{ac. succinique}}{C^4H^6O^4} + \underset{\text{ac. acétique}}{C^2H^4O^2} + AzH^3$$

Tous ces produits quarternaires s'hydrolysent et se transforment à leur tour en produits plus simples : il se forme des acides ternaires, composés de C, de H et de O, notamment beaucoup d'acide succinique, des acides gras, des oxacides gras, etc., l'azote s'élimine surtout par formation d'ammoniaque qui rend le milieu alcalin.

Il y a, en outre, production de gaz et liquides fétides : de l'INDOL, du méthylindol, du paracrésol, des mercaptans, H_2S, PhH_3, etc. *Plus la molécule albuminoïde sera attaquée, plus il y aura d'indol* (C_8H_7Az) (1).

C'est pendant cette phase que se forment les *ptomaïnes*, si les bactéries anaérobies peuvent se développer.

Quant à la matière grasse, sa dislocation s'opère pendant les quatre phases précédentes.

La putréfaction est loin de s'arrêter à cette époque ; tous les produits formés jusqu'ici : sels ammoniacaux, acides divers, ptomaïnes, etc., doivent vraisemblablement subir ensuite différentes actions réductrices

$$C_{11}H_{22}Az_2O_4 + 2H_2O = \underline{C_4H_8O_2} + \underline{C_6H_{12}O_2} + AzH_3 + CO_2$$

$$\underline{\text{glucopro-}} \qquad\qquad \text{ac.buty-} \qquad \text{ac. ca-}$$
$$\text{téine en } C_{11} \qquad\qquad \text{rique} \qquad\quad \text{proïque}$$

$$\searrow \qquad \swarrow$$

$$\underline{C_6H_{12}O_2} + O_{3n} {-2} = [CO_2]_n + [H_2O]_n$$
$$\text{acides gras}$$

(1) On peut se renseigner sur le degré de dégradation de la molécule albuminoïde en s'assurant de la présence de *l'indol*, à cet effet on ajoute à la substance en fermentation quelques gouttes d'acide sulfurique étendu et 20 gouttes d'une solution d'azotite de potasse à 0 gr. 20 par litre, la formation plus ou moins grande d'*indol* est indiquée par la coloration rose plus ou moins accentuée de la réaction.

par fixation d'oxygène provenant de la dislocation des corps fortement oxygénés ; ces produits sont finalement transformés en différents corps gazeux et en eau, à moins qu'ils ne soient utilisés par les plantes ou les végétaux inférieurs, comme les algues, mousses et champignons.

En résumé :

La putréfaction est précédée par un état acide du milieu.

A une période plus avancée, le milieu acide est neutralisé, l'excès d'ammoniaque rend le milieu alcalin.

Plus tard encore, il se forme de l'*indol*, annonçant l'état putride, que rend dangereux la présence des *ptomaïnes*.

Dès lors, la constatation de ces différents phénomènes chimiques, en chaque point d'un milieu, doit permettre de reconnaître dans quelle phase de transformation la matière se trouve, par suite, doit donner des indications sur son état de conservation.

CHAPITRE IV

Influence des agents physiques et chimiques sur les microbes. Principes des procédés de conservation des produits alimentaires.

On a vu, en parlant des levures, combien les cellules microbiennes sont sensibles aux conditions physiques et chimiques du milieu (**52**).

Cette question peu développée dans la troisième partie, acquiert ici plus d'importance, car son étude permet de déterminer les conditions de conservation d'un produit d'origine organique.

Il y a lieu d'examiner successivement :

1° L'action de la température et de la lumière sur les microbes ;

2° L'action des agents chimiques ;

3° L'effet résultant de l'absence d'eau de constitution (la *dessiccation*).

95. — ACTION DE LA TEMPÉRATURE SUR LES MICROBES. ZONES DE TEMPÉRATURE FAVORABLES ET DÉFAVORABLES. **Stérilisation.**

Suivant la zone de température, l'action de la chaleur est différente :

A. Il existe un intervalle de température favorable dans lequel le microbe se développe ; les limites de cet intervalle sont très variables suivant les espèces microbiennes. Pour un très grand nombre, ces limites sont comprises entre 5 et 42°. Le point où la vie est la plus intense est 35° environ.

C'est en maintenant des boîtes de conserves de viande à une température de 37°, que l'administration militaire en contrôle la stérilisation et la bonne fabrication.

B. Si la température s'abaisse à partir de la limite inférieure, au-dessous de $+5°$, le développement de la plupart des microbes s'arrête ; mais leur multiplication seule est enrayée.

De nombreuses expériences prouvent que les microbes sont très résistants aux basses températures, certains ont supporté sans périr des froids intenses et prolongés.

La conservation des viandes et de toutes autres denrées à une température voisine du zéro, est trop connue actuellement pour en causer longuement ; disons cependant que dans ce procédé il est nécessaire que tous les points de la masse du produit soient amenés à la température de conservation. C'est pour arriver à ce résultat qu'une opération de congélation totale à très basse température précède la conservation au frigorifique dont la température est ensuite maintenu voisine du zéro (2 et 3° au-dessus).

C. Si la température s'élève à partir de la limite supérieure de la période favorable, les microbes meurent après un certain temps. Cette température mortelle débute vers 45°. Beaucoup d'espèces sont tuées vers 55 à 60°.

Peu de microbes ou spores de microbe supportent une température de 115 à 120° pendant deux heures.

C'est à cette température et pendant ce temps qu'il est nécessaire d'assurer la stérilisation des conserves de viande.

Toutefois, il est très important de connaître, quand il s'agit de conservation de longue durée, que le docteur Koch a pu obtenir la germination de spores du bacillus subtilis (bacille du foin) après les avoir soumis à 123°.

Le bacille du foin existe presque toujours quand il y a putréfaction des viandes de conserves **(92)**.

On cite encore certains microbes et spores ayant pu survivre à des températures de 130 à 145° et même au-delà.

96. — PASTEURISATION

Il n'est pas toujours nécessaire d'avoir recours à une température aussi élevée pour empêcher la fermentation d'un produit dont la conservation ne doit pas être de longue durée. Une température de 60 à 70° en effet est généralement efficace, car, si elle ne tue pas tous les microbes, elle a du moins l'avantage de paralyser pendant une durée parfois suffisante l'action de ceux qui résistent. Dans ce cas pour obtenir l'effet maximum, il faut que le refroidissement soit aussi rapide que possible pour éviter la zone favorable aux microbes (35-40°).

La « pasteurisation » des vins n'est pas autre chose que cette quasi-stérilisation (1), que l'on pratique ordinairement à l'abri de l'air pour éviter l'action des *oxydases* qui provoquent la décoloration des vins, la combustion de leur alcool, de leurs ethers et qui, à la température de 55 à 60°, possèdent comme toutes diastases leur puissance maximum.

97. — STÉRILISATION PAR GERMINATION DES SPORES.

Le point capital d'une stérilisation est d'atteindre non seulement les microbes, mais surtout les *graines de microbes,* c'est-à-dire *les spores,* que l'on sait très résistantes aux agents de destruction (**9**). Or, pour obtenir un pareil résultat, il est nécessaire, comme il ressort de ce qui est dit au paragraphe précédent, de recourir aux températures élevées de 110, 115 et 120°, pour l'obtention desquelles des appareils spéciaux sont nécessaires.

On peut arriver à une stérilisation aussi efficace que celle pratiquée dans les conditions ci-dessus, en chauffant les produits à 60° et d'une façon discontinue ; la température de 60°, en effet est nuisible aux

(1) L'action bactéricide de la chaleur se combine à celle de l'alcool.

microbes, elle diminue considérablement leur activité. D'où il résulte qu'en chauffant le produit à stériliser une heure environ par jour et pendant plusieurs jours, on arrive en fin de compte à tuer les microbes les plus résistants ; quant aux *spores*, au lieu de périr à 60°, elles germent, se développent et deviennent adultes, mais alors ils deviennent vulnérables et suivent aussitôt le sort de leurs aînés.

Cette stérilisation, pratiquée dans les laboratoires, est susceptible de passer dans le domaine industriel, surtout si l'on a soin de porter les produits à la température un peu plus élevée de 80°, lors de la dernière chauffe, pour détruire l'action des diastases et toxines.

De même, pour plus de sûreté dans la fabrication des conserves à longue durée, il semble qu'avant d'assurer la stérilisation à haute température, il serait peut-être utile de provoquer la germination des spores par une exposition préalable des boîtes fermées à 55 ou 60°. Peut-être y aurait-il là un moyen de réduire quelque peu la température de stérilisation à 120°, laquelle est plutôt nuisible à la valeur de la viande conservée.

98. — ACTION DE LA LUMIÈRE.

La lumière solaire est nuisible au développement des microbes. On peut citer l'expérience de Büchner, qui a montré cette action bactéricide, à l'aide de signes découpés dans du papier opaque placés sur une culture de microbes.

99. — ACTION DES AGENTS CHIMIQUES.
Les Antiseptiques.

Un grand nombre de substances chimiques entravent à petites doses la vie microbienne, par suite, l'intervention de ces substances dans un milieu, a pour effet d'enrayer complètement ou momentanément les fermentations qui pourraient s'y produire. Ces substances chimiques sont appelées *antiseptiques*.

Le plus généralement les antiseptiques agissent soit par coagulation, soit par oxydation de la matière vivante ou de la matière diastasique, soit encore en provoquant, à l'intérieur ou à proximité de la cellule, la formation de composés stables incompatibles avec les fonctions vitales des microbes.

La constitution du milieu organique peut faire varier l'action de l'antiseptique, par exemple, si le milieu est très favorable à la vie microbienne, les cellules ont une vitalité plus grande, elles résistent alors plus facilement à l'action bactéricide ; d'un autre côté, certaines substances dissoutes dans le milieu peuvent transformer l'antiseptique en un produit complètement inoffensif : par exemple, si le sublimé corrosif, antiseptique très énergique, se trouve en présence d'un alcali, il se transforme en totalité ou en partie en hydrate sans action sur les microbes.

Ces considérations sont de nature à modifier la proportion d'antiseptique à employer selon des conditions expérimentales, à déterminer dans chaque cas particulier.

Pour permettre une comparaison entre différents produits chimiques et montrer leur valeur antiseptique le tableau dressé par Miquel a été placé à la fin du présent chapitre.

L'utilisation des antiseptiques pour obtenir la conservation des produits alimentaires, ou pour assurer la désinfection, est très délicate, car, à la dose nécessaire, ces substances chimiques sont généralement ou toxiques ou corrosives. Pour ces raisons leur emploi a été réglementé.

Dans son rapport au congrès d'hygiène, le docteur Bordas donnait comme il suit son opinion sur les antiseptiques :

« ... *On peut dire que d'une façon générale l'absorption d'une substance susceptible d'arrêter une fermentation, doit entraver la digestion et par conséquent être considérée comme nuisible à la santé. Plus une substance est antiseptique et plus elle doit être dangereuse...* »

Et, il terminait en proposant *l'interdiction de l'emploi des antiseptiques, nocifs ou non, dans toutes matières alimentaires.*

D'un autre côté, Duclaux disait à ce sujet :

« ... *Il est certain qu'il y a une sorte d'intérêt social à favoriser les moyens de mieux utiliser les ressources du sol, d'assurer la conservation de la matière organique alimentaire, et, que par suite il ne faut pas être trop sévère sur les moyens qui permettent d'arriver à ce résultat...* »

Ces opinions montrent combien est délicate la solution propre à concilier l'intérêt indiqué par Duclaux et le souci de la santé publique, défendu par les hygiénistes. Quoi qu'il en soit, il va sans dire qu'il y a lieu de se montrer très prudent dans l'emploi de ces substances.

I. — Parmi les MÉTALLOÏDES, citons les dérivés du chlore et de l'iode, notamment beaucoup de chlorures. Le chlorure de sodium ou sel marin très avide d'eau, provoque la dessiccation en même temps qu'il empêche le développement des microbes.

L'eau oxygénée abandonne de l'oxygène à l'état naissant en présence des matières organiques, c'est un antiseptique puissant ; on peut retarder les fermentations d'un produit à l'aide d'une quantité très faible. On emploie pour la conservation de certains liquides s'altérant facilement, comme lait, le par exemple, les solutions commerciales à 6 ou 12 volumes dont l'action antiseptique est très sensible à la dose de 2 centimètres cubes par litre.

Bien que l'eau oxygénée se décompose facilement, l'action antiseptique persiste néanmoins pendant quelque temps.

L'ozone, comme l'eau oxygénée, est un oxydant énergique, il donne de bons résultats pour l'épuration des eaux de boisson.

II. — Parmi les ACIDES, on peut signaler pour différents usages l'acide sulfureux, antiseptique peu énergique ; l'acide borique dont l'emploi bien qu'interdit sert souvent à la conservation des viandes, du beurre et du vin ; *l'acide salicylique* interdit également, est employé pour la conservation des boissons.

En général, il suffit que le produit à conserver possède un certain *degré d'acidité* pour empêcher la putréfaction, car les microbes des dernières phases n'évoluent qu'en milieu alcalin. Le grave inconvénient est qu'à la dose voulue la plupart des acides empêchent la consommation des substances stérilisées. Toutefois l'*acide carbonique* est dans son emploi plus accommodant, il permet la conservation d'un produit, pendant un temps suffisamment long. Cet acide est particulièrement nuisible aux espèces aérobies, or, si ces derniers ne peuvent se développer, les anaérobies ne peuvent que difficilement provoquer la fermentation putride, par suite de la présence de l'oxygène non utilisé, c'est pourquoi le procédé de conservation par insufflation de CO^2 est susceptible de donner de bons résultats.

III. — Parmi les COMPOSÉS MÉTALLIQUES, citons le *permanganate de potasse* qui agit comme l'eau oxygénée en abandonnant de l'oxygène en présence des matières organiques ; l'azotate de potasse (*salpêtre*) ; les sels de mercure ; les borates de soude et de chaux ; les *glycéroborates*, que l'on obtient en chauffant à 60°. les deux sels précédents avec leur poids de glycérine, sont de bons antiseptiques, ils se présentent sous forme d'une masse sirupeuse et transparente que l'on emploie comme *vernis préservateur*.

Quelques composés organiques sont également utilisés comme antiseptiques, notamment l'aldéhyde formique comme désinfectant est d'un emploi fort pratique soit à l'état de gaz, soit en solution, il n'est pas détériorant comme l'acide sulfureux.

100. — EFFET DE LA DESSICCATION.

Dans les milieux où l'eau de constitution est presque absente, les microbes ne peuvent se développer que très difficilement.

En effet si on se rappelle les transformations successives que subit une molécule pour devenir aliment d'une cellule vivante, on voit que l'eau intervient toujours. D'où il résulte que l'état de siccité permet la conservation d'un produit en empêchant les transformations moléculaires au sein de la matière organique, par suite en empêchant le développement des microbes.

101. — COMBINAISON DES ACTIONS BACTÉRICIDES.

La combinaison des divers moyens de conservation donne généralement de bons résultats, car l'expérience apprend que les actions bactéricides se complètent comme concourant toutes à la coagulation du protoplasma vivant des cellules.

Les groupes d'actions qui provoquent le plus rapidement cette coagulation sont :

La chaleur (1) et l'acidité du milieu.

(1) La température étant considérée au-delà de 50° à 60°.

La chaleur et la teneur élevée en eau.

Tandis que, au contraire, les actions complémentaires de la chaleur, opposées à celles indiquées ci-dessus, retardent la coagulation et par conséquent diminuent les chances de stérilisation efficace, autrement dit, la chaleur agit mal en milieu alcalin ou sur un milieu sec.

Pour appuyer ce qui précède citons les faits suivants résultant d'expériences :

Quant à la réaction du milieu, Pasteur a montré que l'eau de foin, l'eau de levure, sont stérilisées avec certitude par simple ébullition si la réaction est acide, tandis que cette ébullition est loin d'être suffisante si la réaction est alcaline.

De même M. Chamberland a également montré qu'une stérilisation pratiquée à 100° est généralement parfaite quand le milieu contient une acidité égale à environ 0,02 p. 100. La cuisson du pain par conséquent stérilise la pâte, même si celle-ci a été préparée avec une eau contaminée par des microbes pathogènes, puisque d'une part la température en un point quelconque s'élève au moins à 100-102° et que d'autre part l'acidité du pain fabriqué avec levain de pâte peut atteindre au moment de l'enfournement le degré élevé de 0,2 p. 100 environ.

En résumé, une température de 70 à 100° doit pouvoir assurer avec presque certitude la conservation indéfinie d'un produit si le milieu possède un degré d'acidité convenable, bien que cette température ne soit pas mortelle pour tous les microbes et spores.

Comme suite à ce qui a été dit précédemment au sujet de l'action de la température, on peut formuler l'idée que peut-être on obtiendrait un résultat heureux si l'on tentait de rechercher un procédé de conservation à court terme de la viande fraîche, en acidifiant les tissus par insufflation de CO_2 et en soumettant la viande ainsi préparée à une température de 60 à 70°, facile à obtenir (**97**).

Quant à la teneur en eau du milieu, Miquel a montré que des bactéries et spores du sol, qui, dans la vapeur d'eau à 115° périssent au bout d'une heure, exigent, pour être détruites après dessiccation par la chaleur sèche, une température élevée de 180° pendant le même temps.

D'ailleurs, pour confirmer ceci, nous avons signalé en temps voulu la plus grande résistance à la chaleur des cellules levures desséchées (**53**).

NOTE I

102. — TABLEAU DE MIQUEL INDIQUANT LA PLUS PETITE QUANTITÉ DE SUBSTANCE ANTISEPTIQUE *capable de s'opposer à la putréfaction d'un litre de bouillon de bœuf neutralisé, puis exposé à l'air.* (Les quantités sont indiquées en grammes).

1° **Substances éminemment antiseptiques** (au-dessous de 0 gr. 1).

Biiodure de mercure........	0 gr.	025
Iodure d'argent............	0	030
Eau oxygénée.	0	05
Bichlorure de mercure......	0	07
Nitrate d'argent...........	0	08

2° **Substances très fortement antiseptiques** (0 gr. 1 à 1 gr).

Acide chromique...........	0 gr.	15
Chlore	0	25
Iode	0	25
Chlorure d'or.............	0	25
Brome	0	60
Iodoforme................	0	70
Chlorure de cuivre	0	70
Chloroforme..............	0	70
Sulfate de cuivre..........	0	90

3° Substances fortement antiseptiques (1 gr. à 5 gr.)

Acide salicylique.............	1 gr.	»
Bichromate de potasse......	1	20
Gaz ammoniac...............	1	60
Chlorure de zinc...........	1	90
Acides sulfurique, azotique, chlorhydrique..............	2 à 3 gr.	
Acides oxalique, *tartrique*, citrique....................	3 à 5 gr.	
Essences d'amandes amères..	3 gr.	»
Acide phénique........	3	20
Permanganate de potasse....	3	50
Alun........	4	50
Tannin....................	4	80
Sulfhydrate alcalin	5	»

4° Substances modérément antiseptiques (5 à 20 gr.)

Bromhydrate de quinine.....	5 gr.	50
Acide arsénieux............	6	»
Acide borique..............	7	50
Salicylate de soude........	10	»
Sulfate de protoxyde de fer..	11	»
Soude caustique............	18	»

5° Substances faiblement antiseptiques (20 à 100 gr.)

Éther sulfurique............	22 gr.	»
Chlorure de calcium........	40	»
Borax.....................	70	»
Alcool ordinaire	95	»
Chlorure de barium........	95	»

6ᵉ Substances très faiblement antiseptiques
(+ 100 gr.)

Chlorhydrate d'ammoniaque.	115 gr.	»
Iodure de potassium........	140	»
Chlorure de sodium (sel marin)...................	165	»
Glycérine (densité 1,25)......	225	»
Bromure de potassium......	165	»
Sulfate d'ammoniaque.......	250	»
Hyposulfite de soude........	275	»

NOTE II

LES FERMENTATIONS DANS LA FABRICA-TION DU PAIN

103. — PRÉLIMINAIRES.

La théorie des diverses fermentations qui se produisent pendant la fabrication du pain, a fait l'objet de nombreuses études assez contradictoires.

De toutes les expériences énumérées dans différents traités, on peut dire que la chimie biologique de la panification consiste en une fermentation principale : la *fermentation alcoolique*, par laquelle la pâte est transformée en une masse spongieuse, et en *fermentations bactériennes*, qui provoquent l'acidité du pain; parmi ces fermentations secondaires, la *fermentation lactique* est la plus importante ; elle est utile à la bonne réussite des levains lorsqu'elle est modérée.

On peut diviser l'exposé de la question en trois parties.

1º La fermentation alcoolique considérée seule dans la panification.

2º Les fermentations bactériennes et leurs conséquences.

3º La concurrence vitale des levures et des bactéries. On ajoutera quelques mots sur la dislocation du *gluten* qui marque le début de la fermentation des matières azotées de la pâte.

I. — La fermentation alcoolique dans la pâte.

104. — CONDITIONS NÉCESSAIRES A LA RÉALISATION D'UNE FERMENTATION ALCOOLIQUE DANS UNE PATE.

Pour qu'une fermentation alcoolique, telle qu'elle a été définie précédemment, soit possible dans une masse de pâte, il faut que l'on mette en présence **(38)** :

1° Un sucre immédiatement assimilable par la cellule vivante ;

2° Une diastase alcoolique.

Dans la panification ces conditions se trouvent réunies.

En ce qui concerne le premier point, on va montrer qu'avant la panification s'effectue la réalisation des deux premières phases préparatoires de la fermentation alcoolique, par la lente transformation d'une petite partie d'amidon en maltose ou en glucose, dont la quantité nécessaire, pour permettre une formation d'acide carbonique suffisante, doit atteindre environ 1 p. 100 du poids de la farine — d'après J.-B. Dumas. — Pour donner satisfaction à la deuxième condition, il faudra incorporer à la pâte des cellules levures productrices de diastase alcoolique (*zymase*), ce sera le but du *levain*, qui n'est pas autre chose qu'une culture aussi intense que possible de ces cellules vivantes.

105. — RÉALISATION DES DEUX PREMIÈRES PHASES DE LA FERMENTATION ALCOOLIQUE DANS LA FARINE AVANT PANIFICATION. FORMATION DU GLUCOSE SOUS L'ACTION DIASTASIQUE.

Le grain de blé aussitôt après sa maturité, ne contient comme hydrates de carbone que de l'amidon et de la cellulose, pas de sucre, à part toutefois une quantité infinitésimale de saccharose, placée à proximité de l'embryon et utilisée par lui comme première nourriture aux premiers instants de la germination. La quantité de sucre nécessaire ne peut par suite provenir que de la transformation de l'amidon.

Cette transformation de l'amidon en maltose et en glucose est obtenue par l'action de deux espèces de diastases hydrolysantes, dont on reconnaît la présence dans le grain de blé : des *amylases*, de la *maltase* (**26** et **27**).

(Le grain de blé contient en outre les diverses diastases que l'on rencontre dans toutes céréales : de la *sucrase*, de la *cytase*, des *oxydases*, des *diastases hydrolysantes* des matières azotées, etc...)

Ces diastases sont nécessaires au grain de blé pour assurer les différentes phases de la germination, elles sont localisées en majeure partie dans l'écusson de l'embryon. La mouture rejetant parfois cette partie du grain de blé, enlève à la farine une certaine quantité de diastases ; ce fait se présente notamment dans la mouture par cylindre ; la quantité de diastase restant dans ce cas est cependant encore suffisante pour permettre les transformations nécessaires, mais les réactions sont naturellement beaucoup plus lentes.

Pour réaliser les équations de la transformation chimique l'eau doit intervenir, la farine en contenant 12 p. 100 en moyenne, les transformations diastasiques sont possibles, rappelons les formules :

Action de l'amylase :

$$\underset{\text{amidon}}{C^6H^{10}O^5} + \underset{\text{eau}}{H^2O} = \underset{\text{maltose}}{C^{12}H^{22}O^{11}}$$

Action de la maltase :

$$\underset{\text{maltose}}{C^{12}H^{22}O^{11}} + \underset{\text{eau}}{H^2O} = \underset{\text{glucose}}{2C^6H^{12}O^6}$$

Ces transformations toujours très lentes peuvent demander plusieurs semaines, elles sont d'autant plus rapides que le degré d'humidité de la farine est élevé et d'autant plus également que cette farine contient l'embryon moulu et par conséquent ses diastases.

Le repos que l'on exige des farines après mouture a pour objet de permettre la réalisation de ces transformations, lesquelles peuvent avoir lieu en partie dans le grain de blé, si celui-ci s'est trouvé dans des conditions favorables de chaleur et d'humidité, comme le fait se présente dans les céréales mal conservées et dont le goût est sucré, avant qu'il devienne acide et rance (1).

106. — INTRODUCTION DE LA ZYMASE DANS LA PATE

La zymase, diastase alcoolique, est introduite dans la pâte par le levain, masse de pâte contenant des cellules saccharomyces en grande quantité. Ces cellules sont obtenues par cultures successives dans les levains : *chef*, de *première*, de *seconde*, de *tout-point*.

Toutes les espèces de levures provoquant la fermentation alcoolique peuvent être employées avec succès dans la panification, puisque le glucose, sucre en C^6, existe tout formé dans la pâte. Toutefois, il semble, qu'après une longue série d'ensemencements successifs de pâte en pâte. une seule espèce prédomine : le *saccharomyces minor d'Engel* ; cette levure est plus petite et plus ronde que la levure de bière, peut-être provient-elle d'une transformation physiologique de celle-ci ou d'une autre espèce, transformation dont serait cause l'influence du milieu (**59**).

(1) Lorsqu'on est dans l'obligation d'employer des farines nouvelles, dans lesquelles la saccharification n'est pas terminée, il semble qu'il serait possible de remédier à cet inconvénient par l'addition, au moment de la panification, d'une légère solution d'*amylase* extraite de grains d'orge germés.

107. — PRODUCTION D'ALCOOL ET D'ACIDE
CARBONIQUE

Les conditions nécessaires pour déterminer une fermentation alcoolique étant réalisées, il en résulte une production d'alcool ordinaire et d'acide carbonique par dédoublement du glucose sous l'action de la zymase (**41**) :

$$\underset{\text{glucose}}{C^6H^{12}O^6} = \underset{\text{acide carbonique}}{2CO^2} + \underset{\text{alcool ordinaire}}{2C^2H^6O}$$

Le gaz carbonique est retenu par le gluten humide très élastique. Il se forme de ce fait de nombreuses alvéoles qui rendent la pâte spongieuse.

II. Les Fermentations bactériennes
dans la panification.

108. — La fermentation de la pâte ne peut être exclusivement alcoolique, car, dans la farine, dans l'eau, dans l'air, dans la levure du commerce, existent de nombreux microbes, lesquels, comme dans tout milieu nutritif, doivent pouvoir se multiplier ; ces microbes provoquent la formation de pro-

duits que l'analyse chimique révèle : acide lactique, acide acétique, acide butyrique, produits résiduels ordinaires des fermentations lactiques et butyriques, lesquels produits se forment aux dépens des hydrates de carbone contenus dans la farine : amidon, maltose, glucose.

Indépendamment des acides gras et lactiques, les agents bactériens forment de l'acide carbonique, comme les levures, soit que cette production de CO_2 apparaisse directement dans l'équation des fermentations secondaires, soit qu'elle provienne de l'action des bactéries oxydantes agissant sur les acides formés, ou sur les sucres, ou même sur l'alcool.

Quoi qu'il en soit, si les bactéries par production de CO_2 contribuent à faire lever la pâte, elles ne peuvent coopérer à ce travail mécanique que dans des limites très restreintes ; employées seules sans le concours d'un nombre suffisant de cellules-levures, elles ne donnent qu'une quantité insuffisante d'acide carbonique ; mais, par contre, elles forment une quantité d'acides organiques qui peut rendre la pâte trop acide et y déterminer une forte rancidité (**74**).

Jusqu'à un certain degré la fermentation lactique est utile, on le verra plus loin ; quant à la fermentation butyrique, il faut absolument l'écarter, l'influence toxique d'une très petite dose d'acide butyrique sur les levures en est la raison (**54**).

Pour arriver à ce résultat, il faut que les levures possèdent, pendant toute la durée de la panification, la prédominance vitale sur les bactéries butyriques.

III. Concurrence vitale des levures
et des bactéries dans la pâte en fermentation.

109. — Au début de la fermentation, les saccharomyces se multiplient presque seuls, car c'est aux cellules-levures que profitent le mieux les aliments que renferme la pâte. Pendant la fermentation, il y a élévation de température, la chaleur augmente peu à peu la vitalité des bactéries, tandis que quelques quantités d'acides gras provenant soit du développement d'un petit nombre de bactéries, soit de l'oxydation de l'alcool, entravent légèrement l'action des levures.

La température de la pâte approche-t-elle de 35°, les cellules-levures commencent à souffrir, alors qu'à cette température les bactéries se développent énergiquement (**53**).

Si la fermentation de la pâte s'achève dans ces conditions, les bactéries finissent par prédominer, la dose des divers acides gras augmente rapidement et, comme conséquence, les levures perdent leur activité.

Pour éviter les fermentations bactériennes, il y aura lieu alors de chercher à réaliser la prédominance des levures en ramenant la température de la pâte au-dessous de 35° et en donnant à ces cellules une nourriture nouvelle pour augmenter leur activité ; dans ce but, on *rafraîchit le levain* par l'incorporation d'une certaine quantité de farine.

Comme dans la préparation des levains de distillerie, il y aurait avantage à provoquer, au début de la panification, une fermentation lactique modérée ; car, indépendamment de la saveur aigrelette et recherchée que l'acide lactique donne au pain, on sait que cet acide, à une dose comprise entre 0,5 à 1,5 p. 100, exalte l'énergie des levures, tout en empêchant le développement des bactéries butyriques à la faible dose de 0,1 à 0,2 p. 100 (**63 à 76**).

Dans certaines régions, on provoque sans le savoir cette fermentation lactique dès le début de la fabrication du pain, en ajoutant à la pâte une certaine quantité de lait devenu aigre, chauffé à 40 ou 50°. Le procédé est, d'ailleurs identique à celui qui consiste à jeter de ce même lait sur le sol des distilleries — *salle de la préparation des levains* — afin d'obtenir de nombreux bacilles lactiques en suspension dans l'air.

L'action de l'air est également très utile à considérer dans les fermentations panaires, car l'introduction d'une certaine quantité de ce gaz dans la pâte, a pour effet de diminuer l'action des bactéries butyriques, puisque bon nombre de ces microbes sont presque tous anaérobies.

De plus, en ce qui concerne la levure, si l'air diminue son *pouvoir ferment*, on sait qu'il augmente fortement sa puissance végétative et, qu'aussitôt la période de multiplication terminée, la fermentation alcoolique prend plus d'importance (**47**).

Donc, en combinant les différentes actions favorables aux cellules levures, *aération, rafraîchissement, acide lactique*, on prévoit la possibilité de rester dans la phrase d'action des levures ou d'y revenir, si toutefois le développement des bactéries n'est pas trop avancé.

IV. — Désagrégation du gluten.

110. — Dans la panification, lorsque la fermentation alcoolique est terminée, si la cuisson de la pâte n'a pas lieu, les microbes continuent leur végétation, facilitée par l'inertie des levures. On a vu l'œuvre des bactéries des matières hydrocarbonées ; quant aux microbes des matières azotées, la présence du gluten doit leur permettre de se développer à leur tour. Sans avoir pu être complètement vérifié, ce fait paraît cependant très logique et la conclusion à laquelle on aboutit semble bien en concordance avec la théorie générale des fermentations (**89** et **94**).

Le gluten est composé en partie de différentes matières azotées albuminoïdes : or, toute substance albuminoïde, avant de pouvoir servir de nourriture aux microbes, doit se peptoniser de façon à pouvoir être disloquée en termes plus simples.

La décoagulation que l'on constate dans une pâte subissant une fermentation avancée, est la conséquence de cette peptonisation.

Il est juste d'ajouter, que les microbes des matières azotées contenus dans la pâte ne sont pas les seuls agents peptonisants ; dans le grain de blé existent également des diastases, ayant pour objet de rendre soluble le gluten qui doit être charrié vers l'embryon aux premiers instants de la germination. En outre, les bactéries des matières hydrocarbonées et même les levures secrètent en quantités plus ou moins grandes des diastases des matières azotées.

Toutes ces actions diastasiques peptonisantes doivent vraisemblablement se superposer.

Bref, la peptonisation n'est ici que secondaire au point de vue chimique, mais très importante au point de vue mécanique, car elle a pour effet de supprimer l'élasticité que donnait à la pâte le gluten non altéré.

Dans ces conditions, la pâte se crevasse, laisse échapper le gaz carbonique et la fermentation alcoolique perd son effet.

BLANCHON (A.). — *Culture des champignons et de la truffe.* Paris 1906. 1 vol. in-18, 164 pages................................. 2 50
BONNET (Géraud). — *Transmission de pensée.* Paris, 1906. 1 vol. in-18, 295 pages.............................. 3 50
— *Traité pratique d'hypnotisme et de suggestion thérapeutiques.* Procédés d'hypnotisation simples, rapides, inoffensifs. Paris, 1905. 1 vol. in-18, 324 pages............................. 3 50
BOUCHERIE (L.) et COUDRAY (E.). — *Guide pratique de Chimie,*
  1e partie : *Chimie minérale*, 1905, in-18.................. 4 »
  2e partie : *Chimie organique*, 1906, in-18, 1.454 pages.... 15 »
BRAYE (E.). — *Régime alimentaire du tuberculeux.* Paris, 1904, 1 vol. in-18, 44 pages............................. 1 »
— *Herpétisme des organes génito-urinaires.* Hygiène et traitement de l'herpétisme, 1902, in-18 jésus, 124 pages.............. 3 »
— *Tuberculose primitive des organes génitaux*, 1902, 1 vol. in-18, 100 p.............................. 2 »
BRECY (M.). — *Les troubles de la sensibilité dans l'hémiplégie d'origine cérébrale.* 1902, 1 vol. in-18, 208 p. avec 5 planches. 6 »
BROUSSAIS. — *Ambroise Paré, sa vie, son œuvre.* 1900. 1 vol. in-8, 58 pages.............................. 2 50
BRUNELLO (Dr Gabriel). — *Considérations sur les études médicales.* 1901. 1 vol. in-8, 140 pages................... 3 »
BYLA (Pierre). — *Les produits biologiques médicaux : Albuminoïdes, Enzymes, Organothérapie.* Formulaire pratique. 1904. 1 vol. in-12, cartonné, 284 pages................... 3 50
CAT (A.). — *L'alcoolisme chez la femme*, 1900, in-8, 112 p. 3 50
CHAPOT-PREVOST. — *Chirurgie des tératopages.* 1901. 1 vol. grand in-8, 154 pages avec 60 figures................... 10 »
CHIPAULT (A.). — *Travaux de Neurologie chirurgicale et orthopédique.* (Sixième année). Paris, 1902. 1 vol. in-8, 224 pages, avec 11 planches hors texte, noires et coloriées.............. 15 »
— *Études de chirurgie médullaire.* Historique. Médecine opératoire. Traitement 1894. 1 vol. in-8, avec 66 figures et 2 planches hors texte.............................. 15 »
COUDRA. (Voir Boucherie.)
CORDUANT. — *Les questions d'examens.* 4e examen de doctorat.
  1e série. — M. Pouchet.
  2e série. — MM. Proust et Wurtz.
  3e série. — MM. Landouzy, Gilbert, Dieulafoy, Raymond et Hayem.
  4e série. — MM. Thoinot, Dupré, Widal, Joffroy, et Charrin.
  5e série. — MM. Netter, Langlois, Chassevant, Chantemesse, Henriot et Thiroloix.
  6e série. — MM. Vaquez, André, Tessier, Gaucher, Ménétrier, chaque série forme 1 vol. in-18.................. 1 »
COULLOUMME-LABARTHE (A.). — *La lithiase appendiculaire.* Etude clinique, Paris, 1901. 1 vol. in-8 de 78 pages, avec une planche hors texte.............................. 3 »
COURTELLEMONT (V.). — *Contribution à l'étude des accidents nerveux consécutifs aux méningites aiguës.* 1902. In-8, 268 pages avec 2 planches en couleurs.............................. 5 »
DELAGENIERE. — *Chirurgie de l'utérus.* 1898, 1 vol. gr. in-8, 468 pages avec 368 figures.......................... 10 »

Envoi franco contre mandat-postal.

DELAGENIÈRE. — *De l'appendicite*, 1900, in-8, 85 pages.   3 »

DELAUNAY (P.), Ancien interne des hopitaux. — *Le monde médical parisien au XVIIIe siècle*. Paris, 1906. 1 vol. in-8. 480-VIII-XCII pages avec culs-de-lampe, médaillons et 3 planches hors texte ......   15 »
Il a été fait un tirage sur papier de luxe :
25 ex. sur papier de Hollande, numérotés 1 à 25 ....   30 »
10 ex. sur papier du Japon, numérotés I à X ....   50 »

DIEDERICH (E.). — *Chimie pastorienne ; L'action diastasique dans les fermentations industrielles*. Paris 1906, 1 vol. in-8, 182 pages avec 12 figures intercalées dans le texte ....   4 »

DUCOURNEAU (F.). — *Des moyens de combattre la dépopulation par la diminution de la mortalité infantine*, 1900, in-8, 107 p.   3 50

DUCROQUET (C.). — *Traité de thérapeutique orthopédique*. Paris. 1906, 1 vol. in-8 raisin avec 300 figures ....   12 »

FONTANGES (H.). — *Les femmes docteurs en médecine dans tous les pays*. Paris, 1901. In-18, 272 pages, avec nombreuses planches hors texte 3 50

FRISCH (A. Von), professeur de Chirurgie à l'Université de Vienne. — *Les maladies de la prostate*, ouvrage traduit de l'allemand, par MM. le Dr Fernand Bidlot, professeur de l'Université de Liège, médecin des Hospices de Liège, et le Dr Renard Detny, ex-assistant des voies urinaires à la Policlinique de Bruxelles, chef de service à la Policlinique de Liège, avec une préface de M. le Dr J. Verhoogen, agrégé de l'Université de Bruxelles, chirurgien des Hôpitaux. Paris, 1903. 1 vol. in-8 raisin de XVII-208 p..   8 »

FRITSCH (J.). — *Fabrication de la fécule et de l'amidon*, d'après les procédés les plus récents, 2e édition entièrement refondue et augmentée. Paris, 1906. 1 vol, in-8, 392 pages avec 105 gravures, dont 1 planche hors texte 7 50

GOURAUD (X.). — *Des échanges phosphorés dans l'organisme normal et pathologique des phosphaturies*. Paris, 1903. In-8, 133 pages ....   4 »

GRENET (Dr H.). — *Pathogénie du purpura*. 1905. In-8, 200 pages avec 2 planches noires et 1 coloriée ....   5 »

GRAUX. — *La Tuberculose et l'habitation urbaine*. 1905. 1 vol. in-8 ....   1 »
— *Les Arrêtés municipaux et la loi du 15 février 1902*, 1905, 1 vol. in-8 ....   1 »

GRULLON (A.). — *Essai sur les phénomènes de l'œil*. Troubles irritatifs et ophtalmie sympathique. Paris, 1902, in-8, 227 p.   5 »

GUERMONPREZ (pr. Fr.). — *La mécanothérapie et les blessés du travail*. 1902. In-18, 187 p. avec gravures dans le texte...   2 »
— *L'assassinat médical et le respect de la vie humaine*. 1904. In-18, 200 pages ....7...........   4 »
— *Critiques et controverses sur la gymnastique des convalescents après les fractures des membres*. Paris, 1905, 1 v. in-18, 168 p.   2 »
— *Études sur le traitement des fractures des membres*. 1906. in-8, 1.550 pages avec 235 figures dans le texte, broché ....   25 »
cartonné ....   27 »

HABERT (Dr M.). — *Les ligues anti-alcooliques en France et à l'étranger*, 1904, 1 vol. in-8, 185 pages ....   5 »

JEANNEL (M.), professeur à la Faculté de médecine de Toulouse. — *Chirurgie de l'intestin*. 2e édition revue et considérablement augmentée. Paris, 1906. 1 vol. in-8, XLII-648 p. avec 732 fig.   20 »

Envoi franco contre mandat-postal.

— *Leçons de clinique chirurgicale, faites à l'Hôtel-Dieu*. Paris, 1906. 1 vol. in-8, 208 pages... 5 »

JUILLERAT (P.), chef de bureau à la Préfecture de la Seine. — *Une institution nécessaire. Le casier sanitaire des maisons*. Paris, 1906. 1 vol. in-18, 150 pages........................6...... 1 50

LABONNE (Dr H.) — *Formulaire pratique des parfums et des fards* (2e éd., revue et aug.). Paris, 1903. 1 vol. in-18, 216 p.... 4 »

LAGARDE (M.). — *Les injections de paraffine*, leurs applications en Chirurgie générale, en Oto-rhino laryngologie, en Ophtalmologie, Art dentaire et en Esthétique. Paris, 1903. 1 vol. in-18, 216 pages, avec 2 planches... 4 »

LANDRIN (Alex.). — *Traité sur le chien* (Zootechnie, hygiène, races, pathologie et thérapeutique. Paris, 1888, 1 vol. in-18, 301 p. 3 50

LATTEUX, chef du laboratoire d'histologie à l'hôpital de la Charité.— *Manuel de technique microscopique, ou guide pratique pour l'étude et le maniement du microscope* dans ses applications à l'histologie humaine et comparée à l'anatomie végétale et à la minéralogie, Introduction de M. le professeur Trélat, 3e édition revue et considérablement augmentée, 1887, 1 vol. in-8 avec 385 figures intercalées dans le texte, 1 planche photographiée hors texte au lieu de 13 francs).. 5 »

LECORNU (Dr P.). — *Les laits industriels*, leur valeur dans l'allaitement artificiel. 1904. In-8, 144 p. avec un tableau...... 4 »

LEGENDRE (D.). — Intérêts professionnels du médecin de campagne. *Les pharmaciens, leurs droits, leurs devoirs*. Conditions de l'exercice de la pharmacie par les médecins autorisés. Paris, 1902, 1 vol. in-8 de 64 pages... 2 »

LÉGER (G.). — *Du régime administratif des aliénés et des réformes projetées*, 1900, 1 vol. in-8, 146 pages................... 5 »

LEPRINCE (A.). — *Tableaux synoptiques de botanique et matière médicale*. Paris, 1901. 1 vol. in-8, 75 pages.......... 1 50

— *La myopie*, son hygiène, son traitement, 1901, 1 vol. in-18 avec figures....................................... 3 »

LE ROY. — *Du rôle de la végétation dans l'évolution du paludisme*. 1905. 1 vol. in-8, 628 pag............................... 14 »

LEROUX (L.). — *Pathogénie, diagnostic et traitement des arthrites à pneumocoques*, 1899, in-8, 140 pages................... 4 »

MARCHAND (L.), professeur à l'École de pharmacie.— *Énumération méthodique et raisonnée des familles et des genres de la classe des mycophytes (Champignons et Lichens)*. Paris, 1906. 1 vol. in-8, XVI-387 pages avec 166 fig............................... 10 »

— *Synopsis et tableau synoptique des familles qui composent la classe des Mycophytes (Champignons et Lichens)*. Paris, 1894, in-8 1 »

— *Synopsis et tableau synoptique des familles qui composent la classe des Phycophytes (Algues, Diatomées, Bactériens*. Paris, 1895, in-8 20 pages .... 1 »

MARY (Albert et Alex.). — *Évolution et transformisme. Exactitude du transformisme dans son application à l'évolution du type ammonite*. Tome I. 1901, 1 vol. in-8, 60 pages............... 1 »

— Tome II. *Contribution au polyphylétisme par l'étude anatomique des mollusques*. 1905, in-8, 144 pages................... 3 50

MAX (L.). — *Nouvelles idées sur la matière, preuves expérimentales de l'immortalité de l'âme*. 1905. In-18................. 1 »

Envoi franco contre mandat-postal.

MONPROFIT (A.). — *Chirurgie des ovaires et des trompes.* 1903. 1 vol. in-8 raisin, 453 pages avec 260 fig.............. 15 »
— *La gastro-entérostomie.* 1903, 1 vol. in-8 raisin de 376 pages avec 300 fig.................. 15 »
MOREAU (Dr.). *Etude sur le Hachich.* 1904. In-8 de 92 p. 2 50
PANTALONI. — *Chirurgie du foie et des voies biliaires.* 1899. 1 vol. in-8 raisin, cartonné, 626 pages avec 348 figures........ 18 »
PARMENTIER (D. H.). — *Analyse spectrale des urines normales ou pathologiques. Sensito-Calorimétrie,* 1905. In-18, 160 pages, 38 Schémas spectraux en 4 planches...................... 3 »
PELLETIER (M.). — *Les lois morbides de l'association des idées.* 1903. 1 vol. In-18, 160 pages...................... 3 »
POZZI-ESCOT (E.-M.), ingénieur-chimiste. — *Nature des diastases.* Paris, 1903, in-8, 184 pages...................... 3 »
— *L'énergie chimique primaire chez les êtres vivants.* Paris, 1904. 1 vol. in 8, 184 pages...................... 4 »
— *Phénomènes de réduction dans les organismes.* Paris, 1906. 1 vol. in-18 jésus, 96 pages...................... 1 50
— *Mécanique chimique.* Paris, 1906, 1 vol. in-18 jésus, 110 p. 1 50
— *Les toxines, les venins et leurs anti-corps.* Paris. 1906. 1 vol. in-18 jésus 116 pages...................... 1 50
— *Les sérums immunisants.* Paris. 1906. 1 vol. in-18, 106 p. 1 50
— *Précis de chimie physique,* Paris. 1906. 1 vol. in-8 cartonné, avec 38 fig...................... 6 »
PRON. — *Influence de l'estomac sur l'Etat mental et les fonctions psychiques.* 2e édition, 1904, 1 vol. in-18, 188 pages....... 3 »
— *La Neurasthénie, pathogénie et traitement.* 1905. In-18, 88 pages...................... 1 50
PRUDHOMME (L.). — *Les stigmates de la blennorragie chez la femme.* 1901. In-8 de 88 pages...................... 2 50
REGNIER (Dr L.-R.', chef du laboratoire d'électrothérapie de la Charité. — *Radioscopie. Radiographie. Radiothérapie, applications techniques et cliniques,* in-18. 210 pages avec 24 planches intercalées dans le texte...................... 3 50
RENAUD (G.). — *Contes.* 1898. 3e édition, 1 vol. in-18, 228 p. 3 50
RENON (L.), professeur agrégé à la Faculté de Médecine de Paris.— *Le diagnostic précoce de la tuberculose pulmonaire.* Paris. 1906. 1 vol. in-18...................... 1 50
RIBIER (Dr Louis de). — *YDES, son histoire, ses eaux minérales. Essai sur leur action dans le traitement de l'obésité.* 1904. 1 vol. in-8, 124 pages avec figures et planches hors texte........ 3 »
ROUSSEAU (H.). — *Le régime alimentaire des tuberculeux* avec préface du Dr Samuel Bernheim, président de l'œuvre de la tuberculose humaine. Paris, 1902. In-8, VI-148 pages.......... 4 »
ROUSSEAU et LELIEVRE. — *Guide pratique pour l'essai du lait et du beurre.* In-12, 216 pages avec 63 figures............ 3 »
ROUSSY (A.). — *Aperçu historique sur les Ferments et Fermentations normales et morbides, s'étendant des temps les plus reculés à nos jours.* 1 vol. in-8, de 438 pages...................... 7 »

Envoi franco contre mandat-postal

— *Les progrès de la Science et leurs volontaires délaissés*, 1902
1 vol. in-8, 182 pages...................................... 4 »

ROUX (D⁺ J. de Cannes). — *De l'emploi rationel des farines dans
l'alimentation du nourrisson*, 1905, in-18, 82 pages avec
tableaux... 2 »

SAND WILLIAM. — *La vraie mort de Jésus*. 1903. 1 volume in-8,
192 pages.. 3 50

SCAULZ (H.), Professeur à l'Université d'Ina. — *Aide mémoire de
chimie physiologique*, traduit et annoté par M. Gouraud, chef du
laboratoire à l'Hôtel-Dieu. Paris. 1906. 1 vol. in-8, 124 p.   2 50

STANGULEANO. — *Les nouvelles Cliniques ophtalmologiques en
France, en Allemagne et en Angleterre*. 1903. In-8......   2 »
— *Les méthodes d'examens du sens des couleurs pour les employés
des chemins de fer et de la marine*. 1905. In-18 cart....   2 »

STRUCTOR (Jag.). — *Dieu a-t-il créé le monde ? Étude*. 1905.
In-18.. 1 »

SUARD (D⁺ Paul), professeur à l'École de Médecine navale de Tou-
lon. — *Traité de séméiologie médicale*. 1901. 1 vol. in-8 jésus de
598 pages avec figures............................. 16 »

TERRIER. — *Chirurgie de la plèvre et des poumons*. 1897. in-8, 95
pages.. 3 »

TERRIER et BAUDOUIN. — *La suture intestinale*. 1898. 1 volume
in-8, raisin 415 pages avec 587 figures................ 15 »

THIL. — *De la technique bibliographique dans les sciences médicales*. 1900, grand in-8, 142 pages................... 5 »

TRIAIRE. — *Bretonneau et ses correspondants*. Paris, 1892, 2 vol.
in-8... 15 »

TOLLET. — *L'Assistance publique et les Hôpitaux jusqu'au XIXᵉ
siècle*. 1889, 1 vol. in-4 de 400 pages, avec 81 fig. et 32 pl.   30 »
— *Les Hôpitaux modernes au XIXᵉ siècle*. 1894, 1 vol. in-4 de 334
pages, avec 228 fig. et plans........................ 50 »
— *Les Édifices hospitaliers*, depuis leur origine jusqu'à nos jours.
1892, 1 vol. in-folio de 320 pages, avec 300 fig. et plans..   80 »
— *Description de l'Hôpital civil et militaire de Montpellier*. 1890,
1 vol. in-4 et plans............................... 15 »

VILLAR. — *Chirurgie du pancréas*. Paris, 1906, 1 vol. in-8, 350 p.
avec 84 figures.................................. 15 »

VINCENT. — *Contribution à la résection pathologique de la hanche*.
1895. 1 vol. in-8, 348 pages avec 79 figures............   8 »

ZUN et BONJEAN. — *Traité d'analyse chimique, micrographique
et microbiologique des eaux potables*. (2ᵉ Édition revue et augmentée par dmond BONJEAN. Chef du laboratoire du Comité consultatif d'hygiène publique de France. 1900. In-8, LVI-380 pages avec
444 fig. et 2 planches coloriées...................... 10 »
Seul ouvrage contenant les méthodes en usage au laboratoire du
Comité consultatif d'hygiène pour la recherche, le prélèvement et
l'analyse des eaux potables.

Envoi franco contre mandat-postal

ÉTUDES

SUR LE

TRAITEMENT DES FRACTURES

DES MEMBRES

Par Fr. GUERMONPREZ

(DE LILLE)

Notes recueillies et mises en ordre par les Docteurs J. GUILLOUX, L. EISSENDECK, J. FAIDHERBE, A. DAVID, L. MERVEILLE et AD. PLATEL. — Un volume in-8° de 1550 pages, avec 235 figures dans le texte. —Paris, 1906. Prix, broché... 25 fr.
Cartonné.. 27 fr.

Les 32 chapitres sont inégaux. Plusieurs sont courts et se rapportent aux points les moins controversés ; d'autres sont très étendus, parce qu'on y rencontre des questions nouvelles ou du moins reprises et refondues de fond en comble. C'est, en effet, la première fois que l'on tente, sous cette forme, une sorte de répartition entre les soins traditionnels donnés aux fractures et ceux du massage et de la mobilisation qui passent pour des innovations. D'importantes recherches historiques acquièrent une portée pratique par leur rapprochement de plusieurs observations très modernes ; et une critique impitoyable conduit le lecteur à se faire une opinion nouvelle. Dans cette controverse, rien n'est bouleversé ; mais la routine est combattue sans cesse ; le sens clinique est recherché comme argument suprême. C'est donc une Ecole, qui n'a rien de didactique, rien que l'on puisse résumer. C'est bien une école pratique, à laquelle aucune ressource moderne ne reste étrangère. On y voit la répartition entre la mobilisation et l'immobilisation, entre le massage et les appareils inamovibles. Parmi les chapitres les plus curieux sont ceux de la thermothérapie et de la mécanothérapie, qui sont devenus des moyens nécessaires auprès des victimes des accidents du travail : c'est la première fois qu'un ouvrage de chirurgie donne cette documentation avec tant d'abondance et de précision. Les deux derniers chapitres sont entièrement nouveaux ; ils se rapportent à la rééducation des mouvements et spécialement à la reconstitution de la marche chez les boiteux. De nombreuses observations et plus de deux cents gravures viennent à l'appui d'un enseignement donné depuis 30 ans dans une ville très industrielle où les ressources cliniques ne manquent pas. Un répertoire alphabétique facilite les recherches du praticien en fournissant la réponse aux problèmes si difficiles et si nombreux de la chirurgie moderne des accidents du travail pour les fractures des membres.

Librairie Jules ROUSSET, 4, rue Casimir-Delavigne, PARIS

Radioscopie, Radiographie, Radiothérapie

Par le Dr L.-R. REGNIER

Ancien interne des hôpitaux
Chef du laboratoire d'Electrothérapie de la Charité

1905. 1 vol. in-18 jésus, 207 pages avec 24 fig. Prix...   3 fr. 50

Dans ce volume l'auteur a exposé sous une forme aussi claire et aussi concise que possible quelles sont, pour le praticien, les ressources réelles des rayons X, les moyens simples de les utiliser, les méthodes de précision qui demandent l'intervention du spécialiste, les résultats qu'on peut attendre des examens et des traitements, en un mot les véritables indications et contre-indications de l'emploi des rayons X, ainsi que les moyens d'éviter les accidents qu'une mauvaise technique peut occasionner.

LA NEURASTHÉNIE

PATHOGÉNIE ET TRAITEMENT

Par le Dr L. PRON

1905. 1 vol. in-18, 88 pages. Prix.....................   1 fr. 50

La plupart des ouvrages traitant de la neurasthénie contiennent de nombreuses pages consacrées à la description des symptômes, mais ne disent presque rien de leur pathogénie.

La brochure du Dr Pron est destinée à combler cette lacune. L'auteur s'est attaché d'une façon toute particulière à exposer la pathogénie de cette grande névrose et il a réussi pleinement à résoudre ce problème obscur par une étude à la fois concise et complète, qui rend bien compte de tous les symptômes observés et qui permet au praticien de mieux comprendre et de mieux traiter une affection qu'il rencontre tous les jours.

D^r Ch. AUBERTIN

Ancien interne des hôpitaux

LES RÉACTIONS SANGUINES

DANS LES

Anémies graves symptomatiques et cryptogéniques

1905, 1 vol. in-18, 268 pages. Prix................. **4 fr.**

L'étude du sang dans les anémies graves n'a pas encore fait l'objet d'un travail d'ensemble. Elle est pourtant des plus importantes car elle est intimement liée à la détermination du diagnostic et du pronostic des grandes anémies qui comme on le sait maintenant sont susceptibles de guérison malgré l'intensité de la déglobulisation.

M. Aubertin vient d'aborder cette question en étudiant à la fois les anémies graves symptomatiques et les anémies de cause inconnue (anémie pernicieuse des classiques). Laissant de côté le mécanisme de la destruction globulaire, dont il se contente de prouver l'existence indéniable par l'étude anatomo-pathologique, il s'attache surtout à l'étude du sang et des réactions sanguines, ainsi que de l'état des organes hématopoiétiques. Il montre que l'état du sang et celui de la moelle osseuse sont les mêmes dans les anémies symptomatiques et dans l'anémie pernicieuse, et qu'on doit les considérer comme des signes de régénération, en quelque sorte secondaires. Mais il montre en même temps la haute importance pronostique des réactions sanguines et décrit deux syndromes hématologiques, l'un avec réaction myéloïde, traduisant la défense de l'organisme, l'autre sans réaction, traduisant l'impuissance des organes hématopoiétiques à lutter contre la cause déglobulisante. Quand ce syndrome existe, le pronostic est fatal ; quand il y a réaction myéloïde, au contraire, il faut tout mettre en œuvre pour aider l'organisme, car c'est dans ces cas que la thérapeutique (arsenic, opothérapie médullaire, radiothérapie) peut donner des résultats.

Bibliothèque des Actualités d'Hygiène et de Médecine
Publiée sous la Direction de M. FILLASSIER
LAURÉAT DE L'ACADÉMIE DE MÉDECINE

UNE INSTITUTION NÉCESSAIRE

Le Casier Sanitaire des Maisons

Par Paul JUILLERAT
Chef du bureau de l'assainissement de l'habitation
et du Casier sanitaire des Maisons de Paris à la Préfecture de la Seine.

Préface par M. le Dr ROUX, Directeur de l'Institut Pasteur.

1905. 1 vol. in-18, 150 pages avec tableaux. Prix...   1 fr. 50

Ce petit livre vient à son heure. Au moment où l'opinion publique se préoccupe des ravages croissants de la tuberculose dans la population française, il était bon de signaler les travaux qui depuis onze ans se poursuivent à Paris pour combattre le fléau.

Dans la préface qu'il a bien voulu écrire pour cet ouvrage, M. le Dr Roux, l'éminent directeur de l'Institut Pasteur, s'exprime ainsi :

« Il y a un peu plus de onze ans que l'on accumule, au bureau
« du Casier sanitaire des renseignements sur les maisons de Paris.
« M. Juillerat, qui dirige ce service depuis sa fondation, a pensé
« qu'il était temps de tirer parti des documents rassemblés. Dans
« le petit livre qu'il offre aujourd'hui au public sous le titre « Le
« Casier sanitaire des Maisons ». M. Juillerat nous montre à quoi
« peut servir un casier sanitaire bien fait. »

Après avoir rappelé les résultats de l'enquête ouverte par l'auteur sur la répartition de la tuberculose dans les maisons de Paris depuis onze ans, l'éminent hygiéniste ajoute :

« Le casier sanitaire nous apparaît donc comme un organe de
« première utilité et M. Juillerat a eu raison de l'appeler, en tête de
« son livre, « une institution nécessaire ».

« Les villes importantes ne sauraient s'en passer si elles veulent
« sérieusement entreprendre leur assainissement. »

« L'ouvrage de M. Juillerat sera un guide pour les directeurs des
« bureaux d'hygiène institués par la loi de 1902 et pour les maires
« qui ont la responsabilité de la salubrité publique. Il leur indiquera
« comment doivent être établies les fiches sanitaires et comment,
« avec la moindre dépense, on obtient le plus de résultats.

Nous nous associons de grand cœur à ces conclusions de l'illustre savant. Ce petit livre, d'un format commode, plein de renseignements suggestifs et de vues originales doit être lu par tous ceux qu'intéresse la question si impressionnante de la protection de la santé publique par la lutte contre les maladies évitables.

Aide-Mémoire de Chimie Physiologique

Par le Professeur SCHULTZ

Traduit et annoté par le Docteur F.-X. GOURAUD
Chef du Laboratoire à l'Hôtel-Dieu

Paris, 1906, 1 vol. in-18 jésus. Prix................ 2 fr. 50

Ce petit livre n'est ni un traité ni un manuel ; l'auteur a voulu rassembler sous un petit format le plus grand nombre de notion possible. Le lecteur n'y apprendra la chimie biologique s'il ne la sait déjà ; mais il aura sous la main un livre peu encombrant où il trouvera facilement les renseignements dont il peut avoir besoin. La chimie physiologique a pris de nos jours une trop large place en médecine pour qu'on puisse maintenant la négliger.

La traduction de M. Gouraud se recommande à l'étudiant à la veille de ses examens, comme au chercheur peu familiarisé avec les réactions chimiques, comme au médecin qui veut pénétrer plus avant cette branche des études médicales.

Analyse spectrale des Urines normales

OU PATHOLOGIQUES

SENSITO-COLORIMÉTRIE

Par le Dr Henri PARMENTIER

1905. 1 vol. in-18, 160 p. avec 38 schémas spectraux en 4 planches. Prix.................................... 3 fr.

L'Auteur donne le résultat de ses recherches sur l'origine et la séméiologie des pigments urinaires normaux ou pathologiques. Il recherche les composés incolores des urines au moyen des caractères spectraux de leurs réactions colorées. Il insiste sur le feu de spécificité de la réaction de Pettenkofer, en tant que réaction colorée. Les caractères spectraux de cette réaction sont, au contraire, très nets et permettent de différencier les corps donnant même coloration. Il en est de même de la réaction du biuret. La recherche spectrale des colorations accidentelles produites par phénol, copahu, acide chrysophanique, pyramidon, etc., fait l'objet d'un chapitre spécial, ainsi que le dosage des composés employés dans l'étude de la perméabilité rénale.

L'Auteur termine par la description d'un procédé de dosage entièrement nouveau, et de l'appareil qu'il a imaginé et dénommé « sensito-colorimètre ». Cette méthode permet de doser très facilement et, pour ainsi dire « automatiquement », les matières colorantes les plus diverses.

J. FRITSCH

Ingénieur-Chimiste

FABRICATION DE LA FÉCULE

ET DE L'AMIDON

D'après les procédés les plus récents

Deuxième édition revue et augmentée

Paris, 1906, 1 vol. in-8, 400 pages avec 105 gravures dans le texte. Prix.. 7 fr. 50

EXTRAIT DE LA TABLE DES MATIÈRES

Ire PARTIE. — **Fabrication de la Fécule**

IIe PARTIE. — **Fabrication de l'Amidon**

E. POZZI-ESCOT

Ingénieur-Chimiste
Professeur à l'École de médecine de Lima

PRÉCIS DE PHYSIQUE CHIMIE

Paris, 1906. 1 vol. in-8, 250 pages, cartonné. Prix... 6 fr.

VILLAR (F.)

Professeur agrégé de la Faculté de Médecine de Bordeaux

CHIRURGIE DU PANCRÉAS

Paris 1906, 1 vol. in-8° raisin, 340 pages avec 84 figures intercalées dans le texte : Prix.................. 15 fr.

L'auteur divise son travail en 3 parties :

1° Partie anatomique ; 2° Partie clinique ; 3° Partie thérapeutique.

A signaler dans la partie anatomique l'étude des rapports de la face antérieure du pancréas avec la paroi abdominale antérieure et et avec l'arrière-cavité des epoplaons, au point de vue des applications chirurgicales.

La partie clinique comprend une subdivision : tout d'abord, diagnostic des affections du pancréas en général, diagnostic basés sur les signes de localisation pancréatique, signes fonctionnels, (troubles des sécrétion externe, de sécrétion interne, troubles de voisinage), et sur les signes physiques.

Puis l'auteur passe en revue les diverses affections du pancréas, s'efforçant d'établir le diagnostic de chaque affection en particulier. Les affections chirurgicales du pancréas tour à tour exposées sont :

1° Le Pancréas annulaire : 2° Les Hernies et les déplacements spontanés ; 3° Les traumatismes qui comprennent : a) Les contusions et les ruptures : b) Les plaies : c) Les hématomes : d) Les pseudokiptes ; e) Les hernies traumatiques ; 4° Les infections pancréatiques divisées en :

a) Pancréatite aiguë : 1° simple ; 2° hémorrhagique ; 3° Suppurée ou abcès du pancréas ; 4° gangreneuse · b) Pancréatite chronique : 5° la nécrose graisseuse ; 6° la tuberculose du Pancréas. Pancréatite tuberculeuse : 7° les calculs pancréatiques ; 8° Les tumeurs avec leurs deux variétés : a) Tumeurs liquides ou kystes du pancréas ; kystes glandulaires, kystes hydatogues ; b) Tumeurs solides, bénignes et malignes ; 9° Les fistules pancréatiques.

La partie thérapeutique est la plus importante, c'est elle qui intéresse plus particulièrement le chirurgien. Elle comprend 3 chapitres : 1° La technique générale des opérations destinées à agir sur les affections pancréatiques ; 2° un résumé du traitement médical et opothérapique : 3° le traitement chirurgical applicable à chaque affection du pancréas en particulier.

La technique générale des opérations pour affections pancréatiques est elle-même subdivisée en 2 paragraphes différents : le premier comprend les opérations ou manœuvres portant directement sur le pancréas, le second, les opérations indirectes ne portant pas sur le pancréas lui-même, mais pratiquées dans le but d'agir sur une lésion siégeant sur cet organe.

Après un exposé des *généralités préopératoires* (choix des intruments, etc...).

Envoi franco contre mandat-postal

IMPRIMERIE F. DEVERDUN, BUZANÇAIS (INDRE)